知道的喜悦

逍遥君 ☆ 著

华夏出版社
HUAXIA PUBLISHING HOUSE

图书在版编目(CIP)数据

知道的喜悦／逍遥君著. —北京：华夏出版社，2015.9
ISBN 978-7-5080-8513-5

Ⅰ.①知… Ⅱ.①逍… Ⅲ.①人生哲学-通俗读物 Ⅳ.①B821-49

中国版本图书馆CIP数据核字(2015)第142069号

知道的喜悦

作　　者	逍遥君
责任编辑	王占刚　许　婷
封面设计	红杉林文化
出版发行	华夏出版社
经　　销	新华书店
印　　装	三河市万龙印装有限公司
版　　次	2015年9月北京第1版　2015年9月北京第1次印刷
开　　本	880×1230　1/32
印　　张	6.5
字　　数	120千字
定　　价	29.00元

华夏出版社　地址：北京市东直门外香河园北里4号　邮编：100028
　　　　　　网址：http://www.hxph.com.cn　电话：(010)64663331(转)
若发现本版图书有印装质量问题，请与我社营销中心联系调换。

/ 前 言 /

我以为自己梦见的是庄子。

我睡着了,手上捧着那本古老的《庄子》。

一个白袍男人出现在我的面前。

60多岁年纪,身材适中,不胖也不瘦,沉稳结实,头发已经有些稀疏,大大的眼睛,目光慈祥,脸上的皮肤像婴儿般光滑透亮。

他步履轻盈,似乎不是走路来的,而是随风飘来的,一副人间少有的神人模样。

我开心地跳起来:"你是庄子?!"

来人微笑着说:"我不是庄子,不过你可以把我当成庄子。"

我说:"那好吧,你就是庄子了。"我像个孩子似的说,"庄子,你知道吗,你说的话,我看得懂,却不明白,譬如'天人合一'。"

他点头,微笑不语。我有点焦急了:"我都读了几十年书了,从十几岁到现在几十岁,我都快没耐心了。"

"耐心是你们现代人的功课,"庄子道,"你们现代人头脑强大,内心干枯;相信理性,忽视感觉……"

我被说中了心事，立刻臣服："是的，庄子，你都了解，请教导我们，我们活得不快乐，可以说是痛苦的。过去没钱，以为有钱就可以快乐了……其实不是这样的，我们富裕了，国家富裕了，而我们并没有得到快乐，现在是有钱人不快乐，没钱人也不快乐。"

他道："真正的快乐和金钱没有关系，佛陀要饭也很快乐，庄子编草鞋也很快乐。我说的快乐是一种内在的意识状态，和那些外在的权力、财富、地位等都没关系，我把这种快乐称之为喜悦。

"你们把这种在头脑中经过比较得到的快乐称之为快乐，它转瞬即逝，一会儿就会变成痛苦，这种快乐不是真正的快乐。真正的快乐是无条件的，存在就是快乐的，它没有比较物，我把这种没有比较的、内在的意识状态称之为喜悦。头脑只会让你快乐，却无法给你喜悦，你想得到喜悦必须走出头脑，和心在一起，那时候你就会知道喜悦是什么了。"

我回应："明白，我们的快乐就如你所说的转瞬即逝，我们没有喜悦，而我们又想要这种喜悦。庄子，不要说文绉绉的古文了，我们看不懂，看得懂也不明白，你要像今天这样给我讲话一样，给我们讲你的《庄子》，要让我们真正明白，什么是合一，什么是天人合一。'天人合一'这四个字在中国是你先说的吧，你得把话讲清楚，当老师有责任让学生明白。"

他说道："这很简单，你全然地投入生活，活出你的真实，某一天,你就会知道,你就是大师,你就是庄子,你通晓一切。现在让你的头脑去睡觉吧,不要再做白日梦了,你看自己一直都在做着白日梦,脑袋里不断计划着,今天怎样、明天怎样、后天又怎样……

"觉醒,就是走出你的头脑,活在当下,不再担心,不再恐惧,当下有什么,你就去全然经验。你吃饭、睡觉、去上班,你全神贯注地生活在每一刻,这是什么?这就是生活。生活是什么?生活有问题吗?生活有目的吗?没有,当你全然地生活,你知道,这只有喜悦。

"你开车是喜悦的,你游泳是喜悦的,你唱歌是喜悦的,你跳舞是喜悦的,你工作是喜悦的,不论你做什么,你都是喜悦的。你就是简单的'存在',你就是'喜悦',某一刻,你发现'你'不在了,大脑也不在了。当'你'不在的时候,你怎么还会痛苦?是大脑让'你'痛苦,是'你'让自己痛苦,当这两者都不在的时候,痛苦还会在吗?那时,你就可以真正地生活了,你现在的生活是没意义的,你活着只是因为你怕死,你不知道真正的自己是谁。

"事实上,你不认识自己、不接纳自己、不爱自己,你们不是'伪君子'就是'真小人',唯独不是'真人'。'真人'就是真正的人,他知道真正的自己,这里,我不是在评判你们,我只是陈述事实。你们的心是干枯的,你们不知道真正的爱是什么,你们因为需要和恐惧去爱,那是头脑的爱,不是心的爱。

"繁体的'爱'字里面有个'心',简体字把那个'心'拿掉了,你们现在不是用'心'去爱,而是用'头脑'去爱。

"头脑是什么?是比较,是算计,是利益,你们现在的爱里就是这些,你们抱怨说:爱让我受伤。用心去爱只会让你喜悦,怎么会让你受伤?用头脑去爱才会让你受伤,因为那并不是真正的爱。

"心的爱是无条件的,你爱万物,却不需要什么理由;头脑的爱都有一个理由在,它满足你了,你就爱它,它不满足你了,你转眼就开始恨它。真正的爱不是头脑的爱,真正的爱是心的爱;是存在之爱,存在在哪里,万物在哪里,哪里就有爱。我不是评判你们现在所经验的爱,这种爱也很好,我只是说,这种爱不是真正的爱。"

"是的。"我好像被 X 光扫描了一般,在庄子面前没有什么可隐藏的。

我像孩子般请求:"庄子,请教导我们,帮助我们走出痛苦,找到真正的爱,获得喜悦的人生。"

他点点头:"我会给你们指出一条觉醒和喜悦之路,你们可以自己去试,适合的话,就走上这条路。"

说完,他转过身去,最后道:"如果在这个世界上有一所学校指引人们走向合一,我愿意是这所学校的校长。其实,我是谁并不重要,你可以把我当成你认为的任何人。如果你认为我是你爸爸,那么我就是你爸爸;如果你认为我是庄子,那么我就是庄子。到了某一天,你会知道,我就是你,除了你,我不能是任何人……"

这之后,我醒了……手上有了这本书,名字叫《知道的喜悦》,就是各位现在看到的这本书。

感恩"庄子"的教导,感恩"庄子"所赐的觉醒和喜悦之路,我翻开了它,从第一页读起。

他真是"庄子"吗?当我开始阅读起来,这已经不再是问题。

我明白,正如"庄子"所说,他是谁并不重要,重要的是他到底对我们说了些什么?而他说的又在我们的心底留下了什么?

第一章　合一 / 001

一切都是喜悦的 / 003
所有的生命都是"一" / 004
合一意识 / 005
合一不是同一 / 007
合一不是宗教 / 008
合一的道路 / 009
合一是一个工具 / 010
与大自然合一 / 012
从内在开始 / 013
内在对话的终止 / 014
合一的目标 / 015
合一与觉醒 / 016
终结问题 / 018
成为真正的人类 / 019
世界需要快乐的人类 / 021
合一纪元 / 022

第二章　生命 / 023

生命是一个流动 / 025
生命是什么 / 026
生命的目的就是生活 / 027
永恒与无常 / 028
为什么人们害怕死亡? / 028
生命的四个阶段 / 029
成功四要素 / 032
意图是一切创造的种子 / 033
创造财富 / 035
财富意识 / 039
如何提升财富意识 / 041
与金钱的关系 / 042

财务问题 / 043　　　　　　如何找到自己的人生使命 / 045
科学与灵性 / 044

第三章　"你"的真相 / 047

你在头脑的监狱里 / 049　　　谈恐惧 / 059
看进你的生命 / 052　　　　　你就是恐惧 / 061
"你"的真相 / 054　　　　　如何摆脱恐惧 / 063
你是意识 / 056　　　　　　　谈愤怒 / 064
你是谁？/ 057　　　　　　　谈嫉妒 / 065
意识在观照 / 058　　　　　　谈宽恕 / 067

第四章　觉醒 / 069

谈觉醒 / 071　　　　　　　　如何知道自己觉醒了 / 079
为什么要觉醒 / 073　　　　　觉醒后 / 080
你必须觉醒 / 074　　　　　　觉醒与转化 / 081
觉醒的旅程 / 076　　　　　　觉醒层次 / 082
觉醒与苦修 / 077　　　　　　意识层次 / 083
觉醒的助益 / 078

第五章　教导 / 085

你的思想不是你的思想 / 087
你的头脑不是你的头脑 / 089
你的身体不是你的身体 / 090
一切都是自动发生的 / 091
你什么都不是 / 093
觉知是第一步也是最后一步 / 094
接纳自己 / 096
爱自己 / 098

做真实的自己 / 100
内在诚信 / 101
外在诚信 / 105
虚假的自我 / 106
比较源自于不接纳 / 107
觉醒过程中最重要的两件事 / 108
觉醒与觉知 / 109
看见就是觉醒 / 111

第六章　完全经验 / 113

完全经验 / 115
如何快速疗愈关系 / 116
欲望是天生的 / 117
拥抱苦难 / 118
与痛苦在一起 / 120
原谅会发生 / 121
如何应用教导 / 122

两种教导 / 123
合一的精髓 / 124
与如是在一起 / 125
看见如是 / 127
超越念头 / 128
一切都是一个梦 / 129

第七章　爱与关系 / 131

无条件的爱 / 133

爱是宇宙的本质 / 134

如何爱自己 / 135
心的重要性 / 137
心的绽放 / 138
成为温暖而敏感的 / 139
心的渴望与头脑的渴望 / 140
正向的感觉 / 141
生命就是关系 / 142
如何处理关系问题 / 143

如何在关系中经验他人 / 145
改善与父母关系的重要性 / 147
成为父母的意义 / 149
婚姻关系 / 150
倾听的艺术 / 151
父母如何教育孩子 / 153
青年人的成长 / 154
教育者的神圣职责 / 156

第八章 感恩 / 159

内在的大我 / 161
如何更接近大我 / 164
感恩创造奇迹 / 165

崇高的特征就是感恩 / 166
全然经验生命的每一刻 / 168
发现自己的道路 / 170

第九章 每日觉醒沉思录 / 171

每日觉醒沉思录 / 173

后　记 / 195

第一章　合一

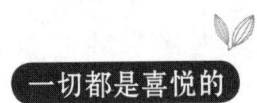

一切都是喜悦的

喜悦是你真正的本质。

快乐和喜悦是非常不同的。

喜悦什么都不需要,它是无条件的,任何事物都会带给你喜悦。

拿我来说,我待在这个简单的房间里,房前是一片草坪儿,喜鹊飞过来,这带给我喜悦。

喜鹊叫,这也带给我喜悦;有只狗叫,这也带给我喜悦;一只蚂蚁在爬,或者一片树叶在摇动,这也带给我喜悦。

万事万物都带给我喜悦,这也会发生在你的身上,不需要任何原因,因为喜悦是你的本来状态。

现在喜悦并没发生在你身上,你若想这一切发生,你必须脱离对头脑、身体和思想的认同,那么你迎来的每一刻都将是喜悦的。

你不必为了无聊而忙于任何行动,因为你的本质就是喜悦的,你现在还不能体验它,因为你还无时无刻地认同于你的头脑和思想。

如果你能脱离认同,那么就只有喜悦,你不必去看电影、参加舞会,当然,这些会让你快乐,没有问题,你可以去。但是喜悦什么都不需要,那是你的本质,你不需要依赖任何事物获得喜悦,而这是可以实现的。

所有的生命都是"一"

对我来说,所有的生命都是"一",只有一个生命。

这个生命流过你,流过我,流过狮子、大象、老虎、蚂蚁,流过树群、太阳、月亮及宇宙,同样的一个生命用各类形式来表达自己。

对我来说,完全没有分离感,当我看见你,你与我并没有不同。

对我来说,你并不是个陌生人,我感觉与你有联系,我对你讲话就好像我在对自己讲话一样,不管你是谁都一样。

为了表达需要的缘故,我必须使用你、我、这个、那个这些字眼,这是真实的体验,而不是你可以概念化的事。

对我来说,没有任何人是在我的外在,我想给你的是我的意识状态,在这种状态里,没有任何的疏离感,只有联结。

人类的全部难题就是人们不觉得有联结，人们并不觉得与丈夫、妻子、孩子、父母或是大自然有联结。

完全没有联结，只有完全的隔阂、疏离，这就是人类正在上演的悲剧。要从这悲剧中出来，人们创造了种种事情，如社会工作，这个、那个运动等。

我不是在评判，这是可以的，却没有用，除非处理掉人类的这种悲剧，否则没什么会真正的有效。

如果你能处理好这个，就不需要社工了，这并不是说我在教你："喔！别再做这些工作了！"不是的！

这就是为什么人类经过了法国大革命、美国革命、俄国革命等却完全没有什么进展。

因为人还是一样，欲求的目标虽然有所改变，但欲求还是继续着。

合一意识

人们都受着与伙伴、大自然和大我疏离的痛苦，更大的痛苦还是源自人们本身。

为了逃避痛苦，人们创造出各种方式，像是参加派对、阅读、看电视与闲聊……人们成了"管理痛苦"的专家。

除非能够解决这个基本问题，否则人们的生活与经验生命的方式不会有很大的转变。

这就是为什么，纵使经历许多的革命，世界并没有更加和平和喜悦，因为人们的内在、外在都是分裂的。

如果分离感消失，世界上所有的宗教问题、社会问题、经济问题与政治问题都会消失。

基本上，合一意识要从自己的内在开始，透过个人化过程而发生。

一般人的内在、外在都是分裂的，人们甚至不认识自己，从一开始人们就不爱自己，更不用说爱别人了。

人们因为好与坏、对与错、完美与不完美、应该与不应该而不断分裂，当人们达成合一的基本层次时，这个冲突就消失了。

在这之后，人们的内在会是宁静的，外在的因素也不会影响它，这个宁静并不是相对于噪音，而是内在的合一。

这个合一会继续扩展到全世界、大自然，最终与宇宙源头合一，合一的终极愿景就是帮助人们与宇宙源头合一。

合一不是同一

只有一个头脑,没有一个我的头脑,或者你的头脑。

只有一个自我,没有一个我的自我,或者你的自我。

只有一个苦儿,没有一个我的苦儿,或者你的苦儿。

人们是相连的,人们是一体的,但是人们不是相同的,这就是为什么我称之为合一而不是同一,人们是一个共同体。

在特定的时间,有些人是所谓的好人,有些人是所谓的坏人,有些人是恶棍,有些人是贼,有些人是土匪,有些人是强奸犯,有些人是杀人犯,这取决于我们的社会。

假设把所有的好人集中到一起,在同样条件下,组成一个新的社会,一些人会自动变成坏人,一些人会自动变成恶棍,社会会自动调节它自身。

同样,这些欲望是被集体扔进人们大脑中的,你的问题是你认同了你的欲望或者你的念头、你的情绪和你的感受。

现在,当你开始越来越少认同,看见如是就变得非常容易了,你必须了解的是,这个欲望进入了你,在任何方面,你对此是没有责任的。

问题是你认为欲望是错的,你反复讲,"欲望是错的,请放下欲望",这就是问题。

满足你的欲望没有任何错,如果你可以满足欲望,这是最轻松的成长方式。

你有很多方式来成长,你可以否认你所有的欲望,变成某个已经放下一切的人,但是我更愿意你满足愿望,满足你的愿望是最轻松的成长方式。面对挑战,我称之为生活,不迎接这些挑战就是生存,合一的目的就是从生存转向生活。

合一不是宗教

我相信,不同的教派是应人们不同的需求而来的。

我洞悉到,人们有时会因为特定的问题而需要特定的教派,或者会因为他们的背景而皈依某种特定的教派。

我个人从未对这些不同的宗教信仰有过任何异议。

我传授的教导并不是什么新信仰,它一点也不新奇,仅仅是帮助你找到寻觅多年的真相是什么。

所以,任何信仰和合一都不是冲突的,你可以遵循任何你喜欢的教导。

合一属于所有的宗教，合一不排斥宗教，合一支持每个人的信仰，我只能说，每个信仰都同样重要。

合一的道路

你在合一的道路上不断前进。

你首先会发现内在的合一。

然后，你会发现与家人和朋友的合一。

下个阶段，你会发现与动物世界的合一，然后是与植物世界的合一。

接下来，你前进到其他领域，比如物质世界。

你会明白你与物质世界实际上也是合一的，你会发现你与一块岩石其实没有什么不同。

当你继续前进时，便会进入到一个大我的领域。

如果你是个佛教徒，你会遇见佛陀、弥勒佛或者观音菩萨；如果你是基督徒，你会遇见基督或者基督意识；在印度教里，神有各种形象，如果你是印度教徒，你会看见神就在那里。

不幸的是,现在,你有与大我分离的幻觉,认为大我是你无法接触的,但实际上,大我就是你自己,如果没有障碍、没有文化或宗教的制约,你会发现其实就是这样。

最后你会发现,你和我是一体的,这就是为什么当我帮助你时,我不是在帮助你,而是在帮助我自己,你会发现同样的事情。

合一是一个工具

每一个人都有自己的道路,也有自己的觉醒方式,七十亿人就有七十亿条道路。

佛陀并没有遵从佛教,耶稣并没有遵从基督教,穆罕默德并没有遵从伊斯兰教,他们都是伟大的人,他们并没有遵从哪些教派或者道路才开悟。

他们创造了自己的道路,譬如佛陀,他实践了许多极端的苦修,当他放弃了苦修,发现了中道,他开悟了,这是佛陀的开悟道路。

后来的人怎么做呢?有人把佛陀的这条道路广泛地应用到

每个人，认为这是对所有人都适用的开悟道路。

同样，有人试图将耶稣的道路或者穆罕默德的道路，应用在所有人身上。

有人说合一也是一条道路，请了解，合一不是宗教，不是信仰，不是所有人都要遵从合一。

合一是一个工具，帮助你发现自己的道路，这就像一棵植物生长，需要好的土壤、阳光、矿物质、水、空气等，你就是那颗种子，你在合一的土壤里。

在这片肥沃的土地里，合一给你阳光、矿物质、水、空气等，然后你开始发芽、开花、结果，长成大树，最后长成一棵苹果树或者荔枝树……

合一是什么？合一只是帮助你发现你自己真正的本质，帮助你发现自己的道路。

再做个比喻，合一是一架飞机，主驾驶是你的内在大我，你是副驾驶，内在大我教你如何驾驶。

过了一段时间，内在大我发现你可以自己驾驶飞机了，他就会把整个飞机交给你，由你来驾驶这个飞机，你自己去发现，去探索，并且决定降落于何处。

与大自然合一

在过去,人类与自然相当和谐地共处,那时人类的生存仰赖于大自然的联结。

人类在个人生活的许多层面上与大自然联结,因为这对于人类的存在是不可或缺的。

今日的人类与大自然非常的疏远,这使人类离开自己的本质,如果这种情况持续下去,人类将会被毁灭。

我们需要对这种情况立即采取实质性的措施,当一个人意识到这个实质时,他就会自然变得敏感,并体验到与大自然的合一。

当你支持大自然时,大自然就会支持你,发生在树木与动物身上的也会发生在你身上,发生在森林身上的也会发生在你身上。

对于疗愈地球的努力最终会展现为对人类自身的疗愈,当你栽种的树苗成长时,你也会有所成长。

从内在开始

如果你看见自己的内在,发现自己是谁,接纳自己的样子,爱自己,你面对外在世界就完全没有困难,因为内在世界创造了外在世界。

当你看见内在世界之后,面对外在世界仍然有困难,这意味着你还没有真正看见内在世界,实际上,内在世界创造了外在世界的问题。

有一对夫妇想要离婚,妻子来见我,我告诉她去看自己的内在发生了什么。她这么做了,她看到了自己真正的内在,于是接纳它、爱它。

这之后,这对夫妇的外在世界改变了,他们不再想离婚,和好如初了,为什么会这样,原因很简单,因为内在世界是外在争执的原因。

因此,合一基本上从自己的内在开始,你的内在改变多少,你的外在也会改变多少,你所有的生意、家人、工作等一切都会发生改变。

宇宙自身的设计就是给予一切你想要得到的事物,但是你内在的问题阻碍了你得偿心愿。

当你开始改变自身时，你周遭的一切事物也会发生转变；当你得到了转化，感觉到了喜悦时，你的妻子在家里也能感受到喜悦的过程，她也开始转化了。

内在对话的终止

个人内在的合一是内在对话的终止。

现在如果你观察自己，你会发现自己的内在有一群人。

你是某人的父亲、某人的儿子、某人的先生、某人的兄弟、某人的朋友，所有这些人都一直在喋喋不休。

这就是为什么，我常常说你是个活动的市场。

当你达成真正的合一时，内心的对话会停止，然后会有一份宁静，那就是内在的合一。

合一的目标

你的内在是一群人。

有七个人格始终在那里喋喋不休,而且大部分彼此冲突。

合一的目标是将这些人格合一,终止内在对话。

当内在的对话停止时,你就在合一中了。

当你在合一中时,一般来说,任何你想要的事物,你都会得偿心愿。

合一的基本目标就是满足感,它首先专注于获得财富,当你获得了财富后,它可以帮助你实现愿望。

实现你的愿望后,你的自我会扩展,你不再是以自我为中心,你会关心你的家人和朋友,你会关心整个社会。

当这进一步扩展,你会关心整个世界;当这再进一步扩展,你会关心动物和植物。

这一切都始于你内在的合一,你变得很有接纳性,你获得财富并实现你的愿望,然后你的自我会扩展。

满足自己,让自我得到充分表达,这样自我最终会扩展到纯然存在的程度,也就是说,你成了一切。

我再强调一次,这是一条路,如果它适合你,你可以走这条路。

合一与觉醒

什么是觉醒呢?简而言之,就是"你"没有了,没有人在里面,没有控制者,"你"消失了。

只有简单的纯然的存在、意识、喜悦,所有的事情自动发生,你真切地看到你的思想不是你的思想,它们进入你之后再离开。

你也意识到你的头脑不是你的头脑,你的头脑站在外面继续工作,你清空你的头脑,你变成了你自己头脑的观察者。

首先你会看到你站在头脑的外面,头脑在自己工作,你观察着它。

接着你甚至发现,头脑本身清空了它的内容,像嫉妒、愤怒、仇恨、暴力、冲突也都从头脑中清空,这将在稍后发生。

你意识到你的身体不是你的身体,你可以到你的身体之外,观察你的身体。

你看到一个物体,你意识到你是那个物体,观察者就是被观察之物,在观察者和被观察之物之间没有距离,只有合一。

突然间,你发现了无条件的爱、无条件的喜悦,你不再回到过去,不再去到未来,你就在当下。

你发现，你改变了，这个世界看上去非常不同，而一个正活在当下的人将不再提问："生命的意义是什么？什么是生命的目的？"

因为你就是活着，当觉醒开始时，这将自然而然地自动发生。

觉醒的人将反过来令其他的人觉醒。无论是通过直接帮助别人，还是仅仅因为他们的存在而并不直接接触他人，也会令他人觉醒。

觉醒的个体都将被完全转化，此人不再有内在冲突，只有无条件的爱、无条件的喜悦。

他不再有和别人的分离感，在个人的层面，他不再有任何问题，他就只是一个喜悦的人。

当这发生时，将影响他的整个家庭，我在告诉你的是已经在觉醒的人的家庭里发生的事情，整个家庭都被转化了。

一旦家庭被转化，和此家庭有联系的其他家庭也将被转化了，这将非常自然地、自动地发生在社会中。

当你的内在发生改变的时候，你看世界的观点将会完全改变，你和他人根本上的分离感将消失，随着这种分离的消失，所有的冲突将消失。

所有问题的本质是，无论在个人的层面，还是在家庭的、社会的、国家的或世界的层面，所有的经济问题、政治问题或者社会问题等，最后都可以追踪到个体的分离感。

一旦这种分离感消失，将只有完全的合一，合一怎么会有冲突呢？这就是我在谈论的改变，就是我说的内在转化。

所以，觉醒的结果将会带来整个世界的转化，这将为清除所有的人类问题铺设道路。

终结问题

有两种终结问题的方式。

第一种方法是找到问题在外在世界的解决方法。

如果你有一个大鼻子和黝黑的皮肤，这让你觉得难堪，外在的解决方法是掏出钱来，去做整形手术。

第二种方法是一个直接无痛的免费替代方法，就是去接纳它，问题在外在世界仍然存在，但是在内在结束了，这个问题不再是问题。

平静和喜悦是人们试图通过解决问题所想达到的两个状态。

可悲的是，人们卡在一个观点中，认为只有外在问题解决了才可能结束问题，却很少意识到，外在的解决方法不是获得平静和喜悦的根本之道。

解决问题可以终止问题，但是不能带来永久的平静和喜悦，因为生活会带来另一个问题。

这就像人们试图和海浪去抗争,一波海浪平息之后,另一波海浪又扑上来。

期待"有一天,我可以没有任何问题"是无知的,如果一个人不能在此时此地快乐,他在任何地方都不会快乐。

喜悦是内在的状态,它不依赖于外在的情况,这是心花绽放的人的现实。

正是这种状态,使得佛陀保持无压力,即便他面临许多来自国王和寺院的麻烦。

正是这种状态,使得耶稣说:"父啊,原谅他们吧,因为他们不知道自己在做什么。"即便他受到酷刑。

在觉醒状态中,一个人可以没有思想负担地全然享受生命。

对于一个心花绽放的人而言,他的存在就是喜悦,不像未觉醒的人需要许多的理由来让自己得到快乐。

成为真正的人类

每个人都应该觉醒且心花绽放。

如果你没有觉醒且心花绽放,你就不是真正的人类。

你们的小学、中学,没有专注让孩子成为真正的人类,它们只使孩子胜任一些考试,世界才会在这个过程中摧毁了孩子。

你们的大学,给了你们技术、知识、专业,也没有让你们成为真正的人类,成为你们应该成为的。

学校教育没有做好,世界才成为了这样一个不好的地方,它怎么会如此糟糕?

父母孕育孩子、分娩孩子、养育孩子,医院接生孩子,学校教育孩子……家庭、学校、社会,每一件事物都在谋杀孩子。

因此没有人类存在,你可以使用人类这个词,但是没有人类存在。

你看看这个世界上的暴行,人类是多么的野蛮、多么的原始。

人类以种族、国家、宗教、财富将自己划分,以神的名义将自己划分,人类持续斗争着。

看看战争,人类到底必须经过多少战争?

一个人怎么可以残酷地杀死一个人?

每个人都想支配他人,丈夫想支配妻子,妻子想支配丈夫,孩子想支配父母,父母想支配孩子,员工想支配老板,老板想支配员工。

你转向各个方面,自我都在运作,什么是地狱?没有其他的地方了,问题只是需要一个根本的转变。

当你觉醒且心花绽放,成为真正的人类时,这里就是天堂。

世界需要快乐的人类

当今世界并不需要新的宗教、新的信仰,而是需要真正的灵性。

什么是灵性?有些人信奉某种仪式,认为每天进庙就是灵性;而对另一些人而言,祈祷、静心、奉献和唱诵被视为灵性。

灵性并不是这些,灵性是一门随顺生命之流的艺术。

灵性并不要你放弃什么,灵性只要你不执着于任何事物。

你可以拥有一辆豪车,你还是灵性的;但是如果你对这辆车有很强的占有欲,那么你就不是灵性的。

你可以住在宫殿,你还是灵性的;变成乞丐并不能说明你是灵性的。

只要你不执着于任何事物,你就是灵性的,而一个灵性的人是快乐的人,他会创造快乐的关系、快乐的家庭、快乐的社会、快乐的民族以及快乐的世界,世界需要快乐的人类。

合一纪元

这个被称为合一纪元的新文明的黎明是这个时代最具爆炸性的事实。

我们具有创造出一种意识状态的命运,即与万有合一,由于人们内在的这种状态,改变就会在外在世界发生,带来我们所说的黄金纪元。

合一纪元与黄金纪元是相互补充的,合一纪元代表发生在内在的;黄金纪元代表发生在外在的。

当黄金纪元来临时,我们将看到一个没有国界的世界,全人类变成了一个大家庭。

人们不再受苦于匮乏感;不是一个国家和其他国家的繁荣,而是整个世界的繁荣,将在不久发生。

这个黄金纪元是属于全人类的。

人们将看到一个完全不同的世界,没有竞争,只有合作,人类将是"一个人类"。

我们应记住,我们每个人都有为人类也是为自己创造出这个命运的使命。

第二章　生命

生命是一个流动

生命是一个流动,在秩序与失序之间、光与影之间、生与灭之间摆荡。

在事物的自然过程中,当秩序移动到失序时,就会将你带离合一,朝向分裂。

身为意识的存在,你可以运用祝福的力量创造从分裂到合一的流动。

在人体中,每当不同细胞间的信息断开,就会偏离合一;人体不同系统间的回归合一,就是恢复健康。

在家庭中,当伤痛与不信任存在时,就会离开合一;心的疗愈与爱的绽放,是回归合一的方法。

你的内在,在对与错、好与坏之间冲突时,就会失序,你否认不了你那一部分的渴望,你选择去忽略,这是不可避免的。

这是生命剧场的一部分,允许它发生,你破碎的部分需要被疗愈,需要被接纳,当你接纳生命,没有抗拒地接纳自己时,内在才可能合一。

宇宙的力量,在身体之内、在不同人之间、在家庭内、在国家内,在生命的各种形式内带来秩序,这是提升生命到更高程度的秩序与合一的机会。

记住，每个以失序与分裂的形式降临的挑战，都可能将你带到更大程度的秩序与合一。

这摆荡不过是造化永不休止的舞蹈，全然没有抗拒地觉知这些模式就是合一，让我再重复一次，全然没有抗拒地觉知这些模式就是合一。

生命是什么

我无法告诉你生命是什么。

因为我无法谈论它，但是我可以告诉你，生命的目的就是去生活。

在那里有观察者、有观察的动作，还有被观察者，这三者是同一个"一"，我不能分开来谈论它。

生命就是一切，生命在表达它自己，而这个生命在走向自由。

没有自由就没有生活，如果你在很高的意识状态中，你就会了解这点。

生命的目的就是生活

终极的了解或者终极的觉醒,就是你明白生命是没有目的的,生命的目的就是生活。

譬如你看足球比赛,你喜爱的球队把球踢进了对方的球门,你跳起来大叫,你跳起来、你大叫是有目的的吗?

没有,但是有原因,那就是喜悦。

因为喜悦,你跳起来大叫,但是你的大叫是没有目的的,它就是发生了。

宇宙的存在是因为有许多喜悦,所以它存在,没有任何目的。

因为喜欢舞蹈,所以你跳舞,有任何目的吗?你可以看见许多人没有理由地舞蹈。

如果你真正地生活,你就不会问这个问题:生命的目的是什么?因为你没有真正地生活,所以你想要一个生活的目的。

你无法了解如何没有目的地生活,仅仅是呼吸就是喜悦,仅仅是走路就是喜悦,仅仅是吃、喝、谈话、看着一个人就是喜悦。

这是生命的本质,生命的目的就是生活。

永恒与无常

身体、念头、头脑,都是一个过程,没有什么是永恒不变的,当你看到这一点,追寻永恒的努力就会停止。

佛陀就是发现没有一个他所追寻的绝对真理存在,他才觉醒了。

一切都在改变,这个改变就是永恒,就是完美。

不管是集体意识与集体无意识、好与坏、对与错,在那里的就是完美的,而你无法用智力去理解它,它必须是一个了悟。

现在你所追求的永恒,就像是一个盲人在一个黑暗的房间里寻找一个并不存在的黑猫,当你了悟到并没有一个黑猫存在时,你就解脱了。

为什么人们害怕死亡?

为什么人们害怕死亡?

这是因为如你所说的"自我"的消失吗?

你将死亡视为你心理上的未来和愿望的结束点吗?

你害怕死亡是因为你将死亡视为与你的财产、名誉、地位、亲人、朋友、敌人的分离吗?

对死亡的恐惧是每个人心灵的一部分,死亡的存在使生命的每一刻都蒙上了一层阴影。

你皮肤上的每条皱纹,你的每一根白发,甚至你每一次紧张的谈话都提醒你死亡的存在。

死亡是什么?一个梦吗?它提醒你关系结束、地位瓦解、安全受到干扰的可怕的可能性。

但是你能将死亡和生命分开吗?如果你不在每一刻消失,又如何在每一刻出现呢?

生命的美丽在于死亡一直伴随着它,宇宙的美在生命和死亡的合一中展开。

所有的分裂都暗示了外在和内在、现在和以后、物质和精神、存在和非存在的停止,这样永恒的经验就成了可能。

生命的四个阶段

真正的舞蹈是一个创造之舞。

真正的舞蹈就是庆祝生命。

每个人都要找出庆祝生命的方式,当这个方式出现在你面前,就接受它、享受它,你必须创造出你想要的。

生命可分为四个阶段。

在生命的第一阶段,你要获得知识,维持你身体的健康和强壮。

在生命的这个阶段,你必须将焦点放在教育、掌握技能与对未来的准备上。

在第二阶段,你必须获得财富、结婚、生孩子,履行你对家庭的责任,享受世界和实现你的愿望。

在第三阶段,如果你真的在你的生活中满足了,渴望就会停止。

在这个阶段,你可以与你的家人在一起,但你必须超然于他们,你必须服务于世界,你必须关心人们,不应该有个性化的东西存在。

在你生命的第四阶段,你不应该执着于世界,这是你寻求解脱的阶段。

你不能只是停留在生命的第一阶段,因为它很快就会变得毫无意义。

你必须进入第二阶段,拥抱它的快乐和痛苦,然而,这也很快就会失去意义。

你移动到服务人们的第三阶段,然而这最终也会不再带给你满足感。

　　这时你就会移动到解脱阶段，当你觉醒时，你先前看到的同样的山、同样的星星，这时看起来会非常的不同，你可以享受世界，然后就是从这个世界消失，这是生命的游戏。

　　一方面，你非常严肃地对待生命，又要从工作中解脱，从工作中解脱并不意味着不工作，而是你不再将它视为工作，你将它视为游戏。

　　你将一切都视为游戏，你知道一切都是过渡阶段，一切很快都将结束，没有什么是永久的。

　　秩序会进入无序，无序会进入秩序；柔弱的人可能变得强壮，强壮的人也可能变得柔弱；聪明的人可能变得愚蠢，愚蠢的人也可能变得聪明；爱可能变成恨，恨也可能变成爱……

　　这是宇宙的法则，你不能阻止这些事情，你必须接受，当你接受它们时，你就可以开始享受生命了。

　　你可以与它们嬉戏，这是生活的经验，每件事物最终就像是洋葱，当你剥到最后，你会发现什么都没有。

　　同样，如果你对生活的经验、意识、任何东西剥到底，最后你会发现只有寂静存在。

　　生命充满奥秘，而不是能被解开或了解的谜题，就是这么简单。

　　一切都从寂静中浮现，再回到寂静中。

　　你最终也会进入到寂静中，再从寂静中进入到第一个阶段。

成功四要素

有四个要素,对人的成功非常重要。

第一,你需要一个清晰的愿景。

没有愿景的生命就像是没有目标的旅程。

每个人都有选择,是像枯叶般随风飘荡,还是像一支射向目标的箭。

宇宙会帮助你达成你想要的,宇宙就像是阿拉丁神灯,它给你任何你所追求的。

第二,你必须有一个专注的头脑——能够集中注意力的头脑;能够努力思考的头脑。

第三,你必须有良好的家庭关系,强大的文明以稳固的家庭为基础。

在一个加速变化的世界,孩子与父母之间需要有充满爱的关系,来保证自己神志健全。

如果你和父母的关系改善了,所有的问题,不论是学业问题或是事业问题,都会奇迹般地得到解决。

第四,你必须生活在免于冲突的状态中,感觉在爱的状态中。

意图是一切创造的种子

你想创造一个丰盛的生命,这是一个崇高的志向。

要建立一座地王大厦,你需要做的是先建立一个够深、够坚固、足以支撑建筑的地基。

它必须渗透到地底,以支撑这样的大厦,如果你挖一个两尺深的地基,你不能期望一个巨大的建筑物建立在上面。

生活也是一样的,要建立一个坚实的基础。

所有伟大的发生,无论是历史事件、科学发现、庞大的组织或个人成就,都始于一个下决定或设定意图的时刻。

决定或意图是一切创造的种子。

意图是什么?意图是充满热情的愿望。

平均每天,每个人都有至少五六十个愿望,从生活的小事到大事。

但意图与愿望不同,意图是专注的,它产生能量,使整个宇宙以你选择的方向运作。

多年以前,一个医学院学生梦想成为一名优秀的医生。

他毕业参加一家著名医院的招聘,虽然成绩优异,但是他担心自己的木讷和口吃能否通过面试。

当他乘坐火车前去时,对面坐着一位友善的乘客,他询问年轻人的父亲:为什么男孩的表情这么忧虑?

从父亲那里,他知道了整个故事,他祝福年轻人好运,就在途中的车站下车了。

两天之后,当年轻人进入面试室,他发现那个友善的陌生人就坐在院长的位子上。其余的就不用多说了。

这个年轻人后来成为这家著名医院的院长,一直服务病人,直到他最后一口气,这是有情的宇宙协力帮助那些拥有纯粹意图的人的例子。

请记住,没有愿景的生命,就像是没有目的地的旅程。

沉思时刻:

你现在对于生命的意图是什么?

你对于你的职业或学业在未来1年、5年、10年的意图是什么?

为什么有时即便一个人拥有了最强烈的意图,却遭遇了障碍?

正确意图的力量是怎么形成的?什么使意图正确或错误?

意图背后的"原因"——你为什么想要你所想要的?

你的意图背后的驱策原因是什么?是来自于比较,是要追赶,以证明自己不比别人差?或者是仇恨、恐惧吗?或者你的意图是由爱、满足感、兴奋、冒险或者想对家庭有更大的贡献所驱使？

请记住，唯有当你的意图是全面的、有益的并有滋养的时候，有情的宇宙才会支持你，否则的话不会。

种子是怎么样的，树就是怎么样的。

如果种子的本质是苦的，水果就是苦的。

如果种子的本质是甜的，水果就是甜的。

你的意图被你的焦点所增强。

现在让我们看看，在你的思想中持续的焦点是什么？

你的主要思想是什么？你专注在你想要的还是你不想要的？

你的焦点与意图就像是给你车子的一个方向，在内在持续的看见与感受到的就是你所前往的地方。

持续专注在你的目标上，而不是一直想它会出什么问题。

在这一路上，你也需要修改你的目标与路线，你周围的情况一直在改变，你也要随之而改变。

创造财富

创造财富不仅需要专业技能，还需了解宇宙运行的智慧。

物质世界受到物质法则影响，心智与精神世界则受心灵法则影响。

如果不知道这些法则，你在生命进展的途中就会遭遇障碍。

这其中一个法则是"正确观点法则"——你的观点是什么，你的现实就是什么。

如果你认为宇宙是机械性的、无生命的，那么宇宙对你而言就是如此。

如果你认为宇宙是一个活生生的实体，是一个有意识的存在，那么你就有进入宇宙的极大的可能性。

你确实活在一个回应你的宇宙中，宇宙不过是意识，你就是意识，他人也是意识，万有都是意识，意识是有感觉的。

意识说什么呢？它说："我彰显你的观点。"它说："我即是它。""它"指的就是你的观点，"我"指的是意识。

意识就像是海洋，观点就像是在海洋中起起落落的海浪。

如果你的观点说："由于金融危机，财务丰盛是不可能的。"有意识的宇宙就会说："那就这样吧。"然后你就会经验到匮乏。

如果你采取一个负面的观点，认为时机是不好的，世界对你而言是危险与不安全的，你就会紧张、不快乐，从而在生命中显化为有问题的情况。

如果你认为丰盛是无所不在的，那么无论外在环境如何，宇宙都会向你开放它的宝藏。

请记住，伟大的领导者都拥有伟大的观点，因此才能创造出卓越的现实。

一杯水既可以被视为是半满的也可以被视为是半空的,就看你持哪一种观点。

有一个故事,可以帮助你了解观点的力量。

一个老人原本靠在街上卖饼为生,一个机会来临,他的生意好起来,挣得的钱足够他开一间店铺。

一段时间之后,他的生意很兴隆,于是开了连锁店铺,也雇用了几个人,财富之光照耀在他身上,一切都很好。

后来,他的儿子大学毕业回来了,儿子说:"爸爸,你不知道现在世界上发生了什么吗?金融危机啊。"

父亲问道:"儿子啊,金融危机是什么啊?"儿子便开始解释银行如何倒闭,人们如何失去工作、生意失败、生活陷入困境等等。

于是,老人遵循儿子的建议削减开支,老人降低了货品品质标准,以节省开支,随着货品品质的下降,销售额也下降了,于是老人认为关掉几间店铺比较好。

随着收入的减少,他觉得儿子的建议真有智慧,又进一步将货品品质降低,顾客越来越不高兴,越来越多的店铺被关闭了。

最后,老人只剩下点儿生意,老人很骄傲地告诉邻居:"我儿子是对的,全球确实有金融危机。"

这个故事并不是建议你忽略周遭发生的事情,而是提醒你要拥有智慧,要意识到你的情绪取决于你的观点,你的决定取决于你的观点,你的行动取决于你的观点,你的命运当然也是。

沉思时刻:

1、你对于生命的观点是什么?生命对于你是什么,例行公事?过山车?祝福?

2、你对于财富的观点是什么?你对钱有什么感觉,很难赚取?邪恶?力量?不是给我的?等待我的?

将这联系扩展到生命的每个领域中,如工作学习、人际关系、身体健康。

在创造金钱正确这一观点的过程中,你也应该了解赚钱与创造财富之间的差异。

赚钱是未觉醒的追求,你可以以赌博赚钱,或是去赛车赚钱。

另一方面,创造财富是灵性的活动。

最终,财富是为事物与人们增加价值的能力。

譬如说你成立了一个培训机构训练年轻人,培养出了有生产力的青年,你就为国家创造了财富。

你创造一个产业,帮助许多人,使其更富有,财富总是有流传开来的倾向。当你以智慧与诚信参与创造财富时,钱是必然的副产品。

财富意识

为了获得财富，首先要有获得财富的意识，我的意思是你必须首先对你已经得到的要有意识和有觉知，并且忘了那些你还未拥有的一切。

有了财富意识，你不必只想拥有金钱，拥有好的父母是财富，拥有一个好丈夫、好妻子或者男朋友、女朋友是财富，拥有好孩子是财富，拥有好的知识是财富，拥有良好的健康是财富。

所以我说，你所拥有的一切都是财富，即使你是一个乞丐，在这个意义上，你也是富有的。

不论你现在拥有什么，都是你的财富，一旦你意识到这点，你的头脑就不会聚焦到你没有的事情上，那么你就有了财富意识。

一旦你有了财富意识，那么你的愿望立刻就会被宇宙回应，你会得到你想要的一切。

世俗和灵性并没有不同，创造财富根本不是坏事，事实上，创造财富可以帮助每个人。

创造财富带来满足，满足带来转化，转化带来自由，自由带来觉醒,如果你聚焦在创造财富上,你就在做一个灵性的实修。

财富意识不应该被错误地等同于金钱,你以各种形式所拥有的一切都是财富,甚至一个乞丐也是富有的,他的乞丐碗也是财富。

你必须对你所拥有的一切极其有意识,通过练习你可以获得这一点,一旦你达到了这一点,财富就开始注入,赚钱会变得很容易。

在终极分析上,赚钱只是一场游戏,到处都有机会,一旦你有了财富意识,你就开始看到这些机会,而人们会说你是幸运的。

一旦你的内在改变了,一切就会变得非常简单,并且你会看到事情的转变,因为内在世界创造了外在世界。

意识具有巨大的威力,当你培养财富意识,你会发现你确实获得了财富;当你培养健康意识,你就获得了健康;当你培养成功意识,成功就会来找你,所有这些都已经被验证过。

在一般情况下,七天内它就起作用,所以你要相信意识的威力,它是可以被验证的,是可以被测试的,你可以运用它在这个世界获得成功。

如何提升财富意识

很久之前,有人发明了钱,而这改变了游戏规则,之后人变得贪婪。

但是到了今天的世界,没有钱,你什么都做不了。

我发现,那些成功地创造财富的人,在灵性领域上也成功,这就是为什么我说要专注于财富的意识、人生的成功。

那些拥有丰盛生活的人拥有财富意识。

那些没有丰盛生活的人没有财富意识。

在健康、财富、人际关系方面的成功,依赖于你的意识。

如何提升财富意识?

首先,你必须开始从你能记住的那天回顾你的生活。

对每一个负面事件,你必须学会看到它的正面,所有负面的东西,你必须学会正面地看,这是你必须做的第一件事。

第二,你必须感恩。

第三,你必须改善你和你的父亲以及你和你母亲的关系。

第四,你必须祈求你的祖先得到解脱。

如果这些都做了,自然你会得到财富的意识,财富会开始流动。

与金钱的关系

你创造与持有财富的能力是由你与金钱的关系决定的。

就像其他的事物一样,金钱是能量的一种形式,被与它的能量相似的能量所吸引。

你与任何事物的关系决定了你有多吸引或多排斥那个东西。

金钱始终与和它有关的人的能量相关联。

不同的人依据他们各自与金钱的关系以不同的方式获得钱。

富有的人知道金钱是重要的,这就是他们为什么有钱;贫穷的人认为金钱并不重要,这就是他们为什么缺钱。

你如果不停地对你的伴侣说,他(她)是不重要的,你认为他(她)还会和你在一起多久?

你重视的事物会增值,而你不重视的事物会贬值,要知道金钱是重要的,要重视它,但不要执着于它。

你赚钱的动机是至关重要的,如果你赚钱的动机是由于恐惧、愤怒或要证明自己,那么金钱永远不会让你快乐。

愤怒与要证明自己也是恐惧的一种形式,你觉得缺乏什么,因此需要去争取它的状态,是来自于恐惧的意图与行动。

与此相反，来自于爱的意图与行动，这才是能带给你喜悦的事情的状态。

财务问题

造成财务问题有两个原因。

第一种原因，是由于关系问题，你可能很专注于事业，尽你所能地努力工作，但是由于关系的问题，你的财务问题依然没有得到解决。

在关系中，你可能有许多的伤痛与负面情绪，这会显化为某种形式的财务问题，或者其他的外在危机。

如果是这种原因，你可以祈求大我帮助你穿越你的伤痛，一旦你充满了爱与喜悦，你的外在世界就会自然变得繁荣。

第二种原因，你是不尊重外在世界的，你认为追求物质是非灵性的，它使你远离觉醒和合一。

如果你是这些虚幻概念的受害者，你就不会在生命中吸引财富，因为在你的内在，你不尊重财富，你不尊重丰盛。

在你的内心深处，你重视和喜爱贫穷，认为贫穷是灵性的或者灵性成长的象征，如果你的情况是这样的，那么在你的生命中，你就不会吸引财富。

你相信内在与外在的丰盛不能并存，你只能拥有其中之一，但这并非事实，实际上，你可以同时拥有内在和外在的丰盛。

如果你觉知到你内在的限制性概念，你祈求这些概念消失，让丰盛进入你的生命，你就会得到它，你的财务问题就会消失。

科学与灵性

科学与灵性之间并没有太大的区别，两者都是对于真理的追求。

对于宇宙本质的真理，对于人类自己的真理，科学与灵性运用的方法不同，但是议题是相同的。

科学透过外在世界进行；灵性是透过内在世界进行。

譬如，为了了解人体的结构，科学透过人体解剖，灵性透过静心，两者都可以知道人体的结构，灵性是很奇妙的，有些现代仪器都无法触及到的真相，在静心的状态下会呈现。

关于宇宙，量子物理学发现，宇宙的一切都是粒子，粒子是波动显现的,如果再进一步探索,它是一个场。

关于宇宙,灵性上也得到了相同的发现,一切事物的核心都是意识,意识显现为宇宙。

如何找到自己的人生使命

你现在不清楚自己的人生使命,所以用头脑去思考和寻找。

你可能认为这样没什么不对,也不会造成什么伤害,但唯有不再思考时,它才可能变得更清晰。

你必须进入自己的内在,意识到你并不清楚自己的人生使命是什么,和"这个事实"在一起,不离开它。

然后,你的内心深处就会确切地知道自己的人生使命是什么。

你只要让自己静静地待在那里,农民在开始播种新的作物前,有时必须让土地休息一段时间,不去动它,土地才能变得肥沃。

同样,你必须保持安静,静静地活动,但不是漠视或者睡觉,而是和"你不知道"这个事实待在一起,答案会随之来临。

只要依循这个方式,你就永远不会失败,这就是找到你人生使命的方法。

甘地曾经走遍印度各地,但不知该如何让印度独立。

英国是个强大的国家,对其诉诸暴力是没有用的,甘地不知道该怎么做,因此他只是和"我不知道"这个事实待在一起。

数个月后的某一天,甘地突然想到应该抵制英国的盐。

这是一个非常有趣的想法:英国如此强大,通过抵制盐就可以脱离英国而独立吗?

甘地心想:"对,就是这样。"从此他开始实践使命,很快就有许多人加入进来,与他并肩作战,最后,印度终于独立了。

这并不是人们可以构思或想出来的主意,你只要认清事实——"我不知道",深刻的真理就会来临。

这可以发生在任何人的身上,因为你若是保持安静,你的内在就会发生一些转变;但是如果你持续思考和抗争,你的内在就不会发生转变。

所以,你只要静静地想着:"我不知道,我很纳闷。"然后等待,这样就对了。

第三章 "你"的真相

你在头脑的监狱里

你在监狱里,这是你必须清楚了解的,这个监狱是什么?就是头脑,你在被称为头脑的监狱中。

为什么?因为你无法经验任何事情,就像是一个在监狱里的人,他能经验外面的世界吗?

不行,他无法去经验,他无法呼吸外面的新鲜空气,他看不到外面的光,这就是你的状况,譬如你不能经验一杯水,因为你在思考。

当你开始喝水时,你说"我很渴",你或者说"这是矿泉水",你会给予一些评述。

你的头脑不允许你经验一杯水;你中午吃的桂林米粉,你也不能经验它,因为你的头脑不允许。

你看着你妻子的脸,你不能经验你的妻子,所有的影像都涌进来了,头脑进来了,思想进来了。

她已经老了,新鲜感消失了,经验消失了,你不能经验你的妻子,你很快就感到厌倦了,你开始看着其他的女人。

你不能看着自己的孩子,除非通过头脑,你看不见你孩子的美，一切都被摧毁了。

当你走在路上，如此可爱的人们在行走，还有那些美丽的树木、汽车，但是你什么都不能经验，因为头脑不允许。

很久以前，你可以经验，当你还是孩子时；但是现在你丧失了那种能力，你是头脑的囚犯。

我告诉你，头脑就是过去，头脑是思想的流动，思想是昨天的，思想是个记忆，它是死亡的，它没有生命，它没有活生生的质量。

生命是活生生的，它是个存在，它是当下，思想无法碰触它，思想是衡量，它衡量事物。

存在或当下是无法衡量的，思想无法接近它，因此你的生命错过了这个，也许你今晚会觉醒，你就会知道生活是什么。

你必须明白你是个囚犯，你无法经验任何事情，你所谓的经验是变异的经验，这与我称之的经验无关，你一直都在监狱中。

这个监狱有两个锁，一个在里面，一个在外面，一旦你发展出想要离开监狱的热情，知道这是个监狱，里面的锁就打开了；谁会打开外面的锁？是的，我会把锁炸开，打开门，拉你出来。

于是，你第一次走出头脑，你第一次知道呼吸是什么，吃是什么，喝是什么，看见你的妻子、你的孩子、你的父母、你的房子、你的车子是什么。

一切看起来都非常不同，你第一次知道生活是什么，因为头脑消失了，随着头脑消失，"你"就消失了，

头脑是你背在肩上的驴子，当我看着你时，我看到了什么？我看到一头巨大的驴子。

你背着一头驴子，驴子的大头在你的小头上，你就是这样子走路。

你是多么可怜啊，更可怜的是你甚至不知道你是可怜的，这就是你的生命，你背着一头驴子走路。

当你觉醒时，你就会将驴子放下，你会将你所有的问题和答案都打包，然后将它们丢弃。

如果你在生活，像这样的问题：生命是什么？生命的目的是什么？生命的意义是什么？——你还会问吗？

你在生活，当你在生活，这一切就都结束了，你只是观看着生活，这一切都是自动发生的。

一切都是美丽的，你可以快乐地在沙滩上打着排球，你可以做所有的活动，一切都是相同的。

你的工作是相同的，生意是相同的，房子是相同的，妻子是相同的，孩子是相同的，但是他们看起来不同了，因为你的头脑不再干扰你，你就在天堂中。

看进你的生命

看进你的生命,你的生命有什么?

你出生上学,学校里有很多的竞争,你必须为考试念书,得到好成绩;你的父母很担心,你造成了父母的担忧,你很有压力,这一切都结束了。

然后你上大学,又再次与人竞争;你与某人坠入情网,你不能与她(他)结婚,事情继续下去,你又再次遇到挫折。

最后你得到了一份工作,在工作中,你可能快乐也可能不快乐,充满压力与负担,最后你结婚了。

你快乐了三个月,然后问题又开始了,你有了孩子,你送孩子到学校,然后去看一些电影、电视,读报纸、杂志,吃一些食物,去野餐。

你的生命有什么吗?你的生命有任何意义吗?你的生命有任何目的吗?

你每天喝相同的咖啡,吃相同的早餐、相同的午餐,晚餐可能有一些变化。

你的生命有什么呢?对我而言,你仅是生存着,你并没有在生活,你生存是因为你害怕死亡。

你的生命中有什么呢？告诉我，你们每个人都想成为省长、市长，这有可能吗？不可能；你们每个人都想成为公司的总裁，这有可能吗？不可能；你们每个人都想成为马云，这有可能吗？不可能。

有许多的"不不不"，你们必须妥协，适应这个、那个，你的生命有什么呢——极度的挣扎。

好吧，譬如说你赚了钱，很多的钱，我遇过许多富有的人，他们告诉我他们非常沮丧，钱并没有带给他们快乐，某个时间点后还令人厌烦。

就是这样，无论你成功与否，你都不快乐，只要"你"存在，无论你失败还是成功，结果都是一样的，你都不会快乐。

如果"你"存在，"你"的存在就是不快乐，不是你不快乐，不，是"你"等于"不快乐"，这就是你的状况，这样的情形已经存在两百万年了。

什么是觉醒？就是"你"被清除了；如果"你"消失了，你仍然是有功能的，记忆存在。

你可以做你现在所做的每件事，而且更有效率；由于"你"消失了，只有喜悦、爱存在，不管你是公司的老板或是职员。

如果你的内在有喜悦，你会造成他人的麻烦吗？不会。

只有不快乐的人，才会造成他人的麻烦。

如果全世界的人都很快乐，外在世界会有问题吗？完全不会有。

当合一的内在发生转化时,外在世界也会相应地发生改变。

每个人都很快乐,没有犯罪、没有冲突、没有法庭,也许到某个时间点,也会没有政府,每个人都很快乐,每件事都很顺利地进行,这个内在的改变我称为"合一"。

"你"的真相

事实上,"你"根本不存在。

事实上,"物"、"我"之分是一种虚幻的感觉。

譬如说,当你在听我说话时,你不在看我;当你在看我时,你不在听我说话,但是因为这两种状态之间转换得很快,所以你错以为你同时在听与看。

视觉与听觉像电影中的图像与声音一样配合起来,没有每秒16张底片的放映速度,你是看不到连续动作的。

你感到自己同时在看到和摸到物体,正是这种幻觉产生了"我"的意识,这个过程一旦慢下来,"你"就会消失。

意识是造物所用的原材料,意识是万物的本源,意识只能被体验而不能被看见,"你"就是意识本身,所以你看不见意识。

意识的本质是喜悦与爱,你们常说的爱不是真爱,而是在向别人乞求爱。

你把爱给别人,那是因为别人对你有好处,别人有钱或者有名;你爱你的丈夫或妻子,那是因为他或她对你有好处。

你占有某人,你执着于某人,那不是我所说的爱,真正的爱是无条件的,它就在那里,这种爱只有在"我"消失后才能出现。

"你"消失了,全世界都是你,都成了你的一部分,那时你才能真正地去爱别人,因为别人就是你的一部分。

爱不在有私心,不在留恋过去或担心未来,爱只存在于此刻,每时每刻都是爱,那时你才真正开始生活。

现在你只是在生存,活着是因为你们怕死,除此之外没有更好的理由继续过你们贫乏的日子。

你早上起床,刷牙洗脸吃早餐,然后去上班或办事;晚上回家后,很可能跟丈夫、妻子斗嘴或与孩子争吵,然后再看看电视。日复一日,这种日子很庸俗,没有意义,也没有目的。

当然,你要为这种日子编造出一些理由来,你说你在做有益于人类的工作等,因为你需要为自己找借口。

可是你在你的灵魂深处只有苦恼,你不知道应该怎样生活,你陷入了自己挖掘的陷阱之中。

于是,你发明了一个又一个的逃避机制,我有时不明白,人们为什么还要活下去,人们怎么发明出来这么多的逃避机制!

你看电视、玩电脑、去游泳等,你是在躲避自己的苦难,应付自己的苦难,但苦难仍然活在你心里。

为什么而活?你往何处去?你一天天衰老而且也没有什么成就,这就是"苦"所表达的意义。

"苦"是一种抽象而无法准确定义的苦难,佛陀当年也有这种苦,他拥有一切却仍然痛苦与空虚,这就是苦。

要消灭这种苦,首先你要感受到你的苦,这是觉醒的首要条件;其次是你与他人的关系要和谐,这是非常重要的。

当你觉醒了,你的心花绽放了,你就会知道什么是真正的爱,什么是同情心,什么是与他人分享生活,什么是天人合一。

所有这些都会自动向你显明,不需要别人来教你,你是你自己的师傅,你会看到这一点。

你是意识

你能看见自己吗?

答案是不能。
因为你不能看见自己。

你能看见自己的思想吗?
答案是可以。
因为你不是你的思想。

那么你是谁?

你是意识。
为什么你不能看到意识?
因为"你"就是意识,"你"不能看见自己。

你是谁?

你能看见自己吗?
答案是不能。
你不能看见自己。

你能看见自己的思想吗?
答案是可以。
那么你不是你的思想。

你是谁?
你是意识。

你能看见自己的意识吗?
答案是不能。
你是意识。
意识不能看见自己。

意识在观照

意识在观照,意识也具有巨大的喜悦。

意识不能参与,但是可以观照,意识观照着头脑和思想。

当意识观照时,它不会认同,它只会看着头脑,看着思想,看着一切的行动。

你是意识,而现在你将自己与头脑认同,这就是为什么我说你被监禁在头脑中,一旦你跳出头脑,你就从头脑的掌控中解脱了,你要做的就是观照。

为了观照,你必须看见,看看当下是什么,我不描述了,否则你就会形成概念,但是你一旦到达那里,你就会清楚了。

你不需要被教导什么,你自己会知道,一旦你知道了,你会笑自己,一切事物都被观照着,就是如此。

意识在观照,意识不在任何地方,又无处不在,你不能说它在这里、它在那里,它无处不在。

一切都被观照着,如果我谈得太多,你会使它成为概念,我留下这部分,等待你到达那里。

你会到达那里,不用担心,现在过程加速了,越来越多的人觉醒,如此轻易。

你觉醒了,你会开始笑,因为你怀疑:"自己这些年是怎么错过的?"这是很简单的事情,就和呼吸一样简单。

谈恐惧

"你"存在的核心就是恐惧,在你内在的深处只有恐惧。

你害怕失去这个,害怕失去那个,害怕失败或者一些其他的担忧,恐惧的对象会改变。

美国人有他恐惧的理由,中国人有他恐惧的理由,日本人有他恐惧的理由;古代人有他恐惧的理由;现代人恐惧股市崩盘或者妻子(丈夫)离开他(她)。

你有各种各样的恐惧,基本上恐惧存在于人类历史中,因为只要"你"存在就会有恐惧。

"你"不应该存在,"你"只是一个幻象,"你"每一刻都在为生存而挣扎,如果不是心理构成一直进行,"你"就会停止存在。

如果大脑停止制造这些心理构成,"你"就消失了,大自然希望终止这些发生,但是"你"抗拒它,因为"你"害怕消失。

"你"认为消失很可怕,但是你不知道的是,当"你"消失时,那是你所想得到的最大的喜悦。

我身边的很多"人"已经不存在了,已经消失了,他们一天24小时都生活在喜悦里,什么都不能影响他们。

只要"你"存在,你就会受苦,因为不是你在痛苦,而是"你"等于痛苦;如果"你"存在,痛苦就会存在,存在就是痛苦。

"你"没有存在的必要,这是限制,这是变窄,这不是真实的。

当"你"消失时,存在的是无条件的爱,你知道的爱是有条件的,而这个爱是没有条件的。

你看见一只狗,你爱它;你看见一只蚂蚁,你爱它;你看见一个人,你爱他,这个爱没有条件。

那喜悦呢,你的快乐是有限制的,而喜悦是没有限制的,这一切的发生是因为"你"不存在。

如果"你"存在,你知道的爱就是有条件的,而那不是爱;你知道的快乐是有限制的,而有限制的快乐,根本不是喜悦。

你就是恐惧

你无法免于恐惧,不是人"有"恐惧,而是你"就是"恐惧。

为什么我不说人"有"恐惧呢?你是什么?你"就是"恐惧。

你一直害怕失去你的妻子、失去你的儿子,害怕生病,担心健康,担心你的恶业让你下地狱。

你去这里、去那里……无论你转向哪里,你都恐惧,因为有自我，自我本身就是恐惧。

自我说"我是分离的"，当你分离时，他人就会形成，他人会对你做什么？自我诞生在恐惧之中，你一辈子都在管理你的恐惧。

我告诉你，如果有可能的话，跳入恐惧中去经验恐惧，唯有那时，你才有超越恐惧的希望。

如果有个暴徒追逐你，你就逃跑，只要你在逃跑，恐惧就会存在。

当你转过身来，面对暴徒的那一刻，恐惧消失了吗？如果你想知道这个，我希望暴徒追逐你，然后你就会知道真相。

我见过一个妇女挺身打了暴徒一个耳光，暴徒崩溃了，我确实见过这个情景。

只要你逃避，恐惧就会存在，面对它，正视它，看看会发生什么？有时猫与狗打架，面对狗，猫勇敢地搏斗。

你不面对，它猎杀你，追逐你；如果你面对它，突然间，恐惧就不存在了，它会再次回来，但是那一刻，恐惧是不存在的。

觉醒的整个目的就是移出自我，第一次，你可以没有恐惧地生活。

有一点，你必须了解，你不是"有"恐惧，你不是"有"愤怒，将"有"替换成"等于"，你"就是"愤怒，你"就是"恐惧。

如果你了解这一点,你就准备好觉醒了。

如何摆脱恐惧

恐惧是人类存在的核心,它是所有人的其他情绪的刺激物。

大自然或者宇宙设计出恐惧以确保人自身的生存,当人自身的生存受到威胁时,大脑就会产生战斗或者逃跑的反应。

随着人类文明的成长和社会的进步,人类的生活开始变得安全,对于自身的威胁减少了,此后焦点转向了心理层面。

有着强烈个人身份感的头脑出现了,创造了"我"与"非我"的领域和分裂。

人类头脑是一种生存机制,以恐惧为中心发挥作用,几乎每个头脑活动都可以解释为对生存的恐惧,它是所有情绪之母。

当你逐渐觉知到恐惧时,你看到它只是一个投射,在其中没有真实,头脑投射出一个不存在的身份,奋力去保护它。

这就像在黑暗的房间中寻找不存在的黑猫的盲人,头脑在从事它不可能完成的任务,因为你不可能达到一个完全安全的状态。

当一个人觉知到恐惧只是头脑的投射时,他的恐惧就消失了。

恐惧不能被解决,它必须被化解;当一个人试图解决恐惧时,恐惧从一种形式转到另一种形式。

当你变得觉知,并允许身体去经历这些不舒服的感觉时,恐惧就化解了,恐惧没有更大的作用,没有意义,除非你赋予它。

心智上的了解无助于面对恐惧,恐惧抗拒所有逻辑,当你不再努力去了解时,就可以全然经验恐惧。

谈愤怒

愤怒是所有人在某个时刻都会经验到的一种基本的自然情绪,它可以为集体的行动调动心理资源。

不幸的是,愤怒对许多人而言,已是难以遏制的反应。

通常人们尽量去控制自己的脾气,但是努力克制愤怒只会加剧这种感觉,人们必须用一个完全不同的方法来处理愤怒。

无法抑制的愤怒基本上是储存在你潜意识中根深蒂固的负

荷所呈现出来的症状。

什么是负荷？负荷是你过去的不完整的经验。

它不断地重复出现，被负荷驱使的人，对生活形成了非常狭隘的观点，在此情况下，关系成了他们的负荷表达或者展现的平台。

如果你要摆脱愤怒，试着使你意识中咆哮的恶魔安静下来，化解你关系里未处理的问题，你一定会感受到你的回应会有所改变。

你将经验到没有愤怒的愤怒，这种状态可以被描述为没有留下残余物的、没有愤怒的愤怒。

谈嫉妒

当你觉知到嫉妒时，这种能量就能够摧毁嫉妒。

当你觉知到嫉妒时，你就会看见嫉妒不是有益的游戏。

嫉妒紧紧抓住你，浪费你的能量，而你从根本上说是一个很好的生意人，你看见它对你不利，而谁会做对自己不利的事情呢？

你觉知到嫉妒时,你就清楚地看见它在摧毁你们的关系,摧毁你的能量层次,它对你没有任何益处。

当你看见时,你就自由了,我要告诉你,在这里,时间是不需要的,努力是不需要的,能量是不需要的。

我多次给予的例子是,一条被误认为是蛇的绳子,你在极度的恐惧中,突然有人带来一盏灯。在灯光下,你看到一条绳子,而不是一条蛇,觉知就是那个"光",有了这个觉知,你就会知道:"哦,这是一条绳子。"

当你看见这是一条绳子时,恐惧立即消失了,这不需要时间,不需要努力,不需要能量。

同样,当你嫉妒、愤怒或者憎恨时,觉知就像手电筒,你将手电筒照在上面,你能看见它到底是什么,它是什么造成的,它会告诉你它的故事。

你知道了关于嫉妒的整个事实,一旦你知道事实,你就会知道它是如何摧毁你的,它立即就消失了。

头脑不会做对它没用的事情,这就是为什么我说不需要时间,不需要努力,不需要能量。

你需要的是觉知,稍微练习一点觉知,就像是学骑自行车、学开车、学音乐,这不是灵性的实修,它可以在学校中被教授。

如果教给孩子们,他们可以学得很快。不幸的是,现在,人们不教这些东西。

人们老了之后,才知道这些事情,到那时为时已晚,就像是某些技能必须在年轻时学习，而不是在年纪大时。

谈宽恕

你无法宽恕，这是一个消极的"法"。

如果你说"我要宽恕"，这是积极的事情。

"法"的基本原则是：在外在世界，你可以是积极的；在内在世界，你只能消极。

你无法宽恕，如果他伤害了你，让你感到痛苦，那就与痛苦在一起。

奇妙的是，如果你与痛苦同在，它本身就会转化，当痛苦转化时，你就会宽恕，不是你宽恕了，而是因为伤痛消失，所以宽恕自动发生。

这就像一块木板燃烧，它会成为烟消失了；如果你与伤痛在一起，如果与它共处，如果去经验它，燃烧过程就会发生。

它会逐渐成为喜悦，是什么成了喜悦呢？伤害成为喜悦，痛苦也成为喜悦。

将某样东西放进火中，不论是衣服、木材、煤或任何物质，它们都会燃烧。

同样，当你与某样事物共处，当你经验了某些事情，它就经历了燃烧，就会产生能量。

你经验的这个痛苦会给你能量，能量会带给你喜悦。

当它带给你喜悦时，你怎么会不宽恕呢？这时候，痛苦会自然消失，取而代之的是自动发生的宽恕。

一切都必须是自动发生的，如果你试着宽恕，这就变成了头脑的游戏，而你是永远无法用头脑去宽恕的。

通过练习，努力去宽恕自己和宽恕别人，这是你没有办法做到的；要去看见，看见发生了什么，然后一切会自动发生。

没有什么需要原谅，看到就是原谅，不是要原谅什么，你会发现，根本没有什么是需要原谅的。

不用努力，就是老老实实安静地坐着吗？不是这样的，而是看到它、经验它、觉知它。

不花时间、不用努力，只是在当下这一刻，看到即解脱，既是开始，也是结束。

在没有觉醒的时候，要做到这点的确很难，当你觉醒了，你就可以做到。

第四章　觉醒

谈觉醒

可以用各种方式来定义觉醒，我一般给予觉醒的定义是感官的解脱。

现在，当你看时，你没法不受头脑干扰地看；如果你可以不受头脑干扰地看，这就是觉醒。

现在，当你听时，你没法不受头脑干扰地听；如果你可以不受头脑干扰地听，这就是觉醒。

这同样适用于嗅觉、触觉甚至思想。

当你思考时，你在思考，同时你也可以看见思想的流动。

你确实可以看见思想，任何类型的思想都会流进和流出你，你可以看到它们，这就是觉醒状态。

感官从头脑的控制中完全解脱出来，只有这样的人才是在生活，只要头脑在控制，你就不是在生活。

这就是为什么当你问我"生命的目的是什么?"时，我的回答是"如果你在生活，你就不会问这个问题"。

生命的目的就是生活，这是什么意思? 过着感官的生活，感官必须独立，不受头脑干扰。

现在的情况是，你根本没有在经验真实，真实对于你而言，就是感官的事物，而你一直在解释你所接收到的信息。

你看到一棵树，你说这是一棵树，这是一棵苹果树，这个、那个的，你一直都在评论。

当你坐下来吃饭，你开始担忧你的工作、你的同事，这样、那样的，食物完全没有被经验。

这就是为什么我说，如果你如实所是地经验，喜悦就会发生，你会看见造化是完美的，你感觉身处天堂，现在你却使它成了地狱。

让感官从思想的紧抓中解脱出来是可能的，思想在需要的时候是必要的，否则为什么思想会介入？

但是没有必要让思想介入实际经验，当感官免于思想或者头脑的控制时，你会经验到无条件的喜悦。

在无条件的喜悦里，你发现自己与每个人联结，你发现了真正的爱，真正的爱与真正的喜悦是分不开的，它们是一体的。

这是自然发生的，这就是你被设计成的样子，这是人类应该经验到的，因为你没有经验到这个，你的生活变得痛苦不堪。

为了逃避痛苦，你创造了各种逃避方式，通过这些方式，你一直都在逃避痛苦。

你痛苦是因为你没有经验真实，这就是人们沉溺于酒精、毒品或者其他东西的原因。

合一的目标就是帮助你如实所是地经验事物。

你不再是为自己而活，你为人类的利益而活，这不是一个概念或者想象的事情，当你觉醒时，这就是你日常生活的现实。

为什么要觉醒

现在你卡在头脑中。

你不断做些事情，以逃避自己的痛苦。

当你觉醒时，即便你在做跟之前同样的事情，但是经验是完全不同的。

一旦你觉醒了，譬如说，你是一个厨师，你会爱上自己的工作，你会享受炒菜做饭的每一刻。

一旦你觉醒了，譬如说，你是一个职员，你打字、抄写、复印，这些都是令人愉快的经验，不再是无趣的工作。

现在，工作是件苦差事，你必须为了生存而工作，或者作为一种逃避自己痛苦的手段。

但是你不再需要这么做了，虽然依旧是在做同样的工作，表面上看什么都没改变。

如果你是个农民，觉醒后你仍然是个农民；如果你是个工人，觉醒后你仍然是个工人；如果你是个诗人，觉醒后你仍然是个诗人。

什么都没有改变,同样的妻子、同样的孩子、同样的家庭,但是这一切又都非常的不同,经验是完全不同的,就是这么简单。

事实上,你变得非常有效率,你变得很能干,因为没有了压力,没有了紧张,没有了冲突,高效率就是来自于此。

你必须觉醒

如果你没有觉醒,那你根本就不算是一个"人"。

我的意思是,如果你没有觉醒,那么你过得比动物还惨。

动物事实上比人类过得还好,人类是被设计要觉醒的,人类必须觉醒,如果你没有觉醒,你就不算是人类。

看看你的生活,你的生活里有什么?每天一样的行程,喝同样的咖啡,吃同样的早餐,还有同样的中餐、晚餐,看同样的报纸,虽然报纸每天的内容会有些变化,但是你的生命里有什么?

你出生、上学,一直到上大学,学校中有很多的竞争,你必须为考试而用功，拿到好成绩，也许考试之后得到某个职位。

然后你赚钱养家、结婚、有了小孩……你就是这样地活着……你活着，因为你害怕死亡。告诉我，这样的生活有何意义？

就我看来，你只不过是存在着，并没有在生活；你存在，因为你害怕死亡，这不是人类应该有的样子。

造物主不是设计你要去公司、工厂上班谋生而已，这难道是宇宙创化的理由吗？生命是被这样设计的吗？怎么可能会是这样子的！

我并不是说，你不应该去公司、工厂上班，你需要这么做，但是你要有意识，你必须能如实地经验事实，当你可以如实地经验生命时，你才是人类。

你会知道走路的喜悦、呼吸的喜悦、存在的喜悦，你会有无条件的喜悦。当你喜悦的时候，有可能会伤害别人吗？

不，只有不快乐的人才会伤害别人，并制造出一个悲惨的世界，制造痛苦、战争、贫穷、冲突，一切的一切。

你不快乐是因为你还没觉醒，如果你觉醒了，而且心花绽放了，就只会有喜悦而已，这才是人们该有的样子。

只有建立了合一意识、心在爱中绽放的人，才是真正地活着。

当你的心绽放开来，你可以是最贫穷的人，在广大的世界中默默无名，但是心中有爱，你就在天堂。

如果你还未觉醒，即使你拥有精神、经济、政治的力量，你仍旧活在地狱里，你不该这样活着，这就是你必须觉醒的原因。

觉醒的旅程

在人类所有的战争中，与自己的战争是最艰辛的。

头脑里的内容，诸如恐惧、嫉妒、罪恶感、烦闷等，在本质上是分裂的。

头脑将事物分为好的或者坏的、神圣的或者世俗的，并试图逃避它不喜欢的。

这就是头脑的挣扎，觉醒的人知道那不是他的头脑。

他意识到改变的徒劳。

这个洞见展开了全新的生活与存在的经验。

他不再挣扎，而是与头脑做朋友。

觉醒不是一个目的地，而是一段旅程。

在这个持续不断的意识旅程中，个人痛苦的终止是个里程碑，其余的接着会展开。

成长会不断地发生，没浪费的能量会展现为对他人的关心、关系中的爱、工作中的效率与创意。

简而言之，他将从生存转移到生活。

觉醒与苦修

用正常的方式去实现你正面的愿望以及获得你生活中所需要的一切，积极地面对生活，接纳宇宙的恩典并享受这份喜悦，转化会自然发生，然后你会觉醒。

或者你可以选择苦修，过去和现代有许多人选择苦修这种方式让自己觉醒和转化，他们用种种非常艰难的方法来让自己体验，"身体不是我的身体，头脑不是我的头脑，思想不是我的思想"。

不过这需要花很多年，我想多数人不会喜欢用这种苦修方式来获得觉醒和转化。

觉醒的助益

觉醒确实有助于学业进步、处理业力等,在每一个方面帮助你。

如果你没觉醒,活着是没价值的。

没有觉醒的人,离开比较好,他是这个星球的负担,他没有在生活。

如果你没有觉醒,思想一直在流动,从过去流到现在,从现在流到未来。

存在的只有过去,未来不存在,流动的只有过去。

过去是死的,就像死的东西。

你的思想也是死的,这就是你的生活,你的生活没有喜悦。

只有当你觉醒了,你会感到"啊哈,这就是生活"。

这里就是天堂,你却还在寻找天堂;你在天堂中,你却说这里是地狱。

所以说,你必须觉醒。

如何知道自己觉醒了

你如何知道自己觉醒了?

你可以通过很多方法知道自己觉醒了,我给你一个很简单的例子。

譬如说一对夫妇,丈夫伤害了妻子,或者说妻子伤害了丈夫,通常这个伤痛可能会持续数天或数星期,甚至几个月。

现在你注意到,不用做任何事情,伤痛在第31分钟时就自己消失了,伤痛不见了。

在随后几天和几周内,你继续做实修,你会注意到伤痛消失的时间迅速地缩短到25分钟、20分钟、10分钟,最后到5分钟。

没有伤痛会持续超过5分钟,它就是消失了,之后会缩短到4分钟、3分钟、2分钟。

最后到1分钟、0分钟这儿是最困难的部分,如果你有全然觉醒的热情,那么在未来的几个月内,你就会到达0分钟,当你到达0分钟时,你就加入到了开悟大师的行列。

当你将伤痛的时间缩减到了5分钟,会发生什么呢?整个家庭的气氛都改变了,夫妻之间、亲子之间,你和亲戚、朋友乃至与任何事物的关系都改变了。

随着环境的改变,你很快会注意到,在外在的世界,你的财务问题消失了,你的健康问题消失了,你可能有的其他问题全都消失了。

觉醒后

合一的觉醒,就是如实如是地跟实相待在一起。

觉醒前,你还是需要很努力地才能做到,通过努力而达成的了解不是转化。

觉醒是脑部的转化,是不需要努力的,你自然就会感受到什么是无条件的爱,什么是自由和感恩。

但是不要错误地认为,不努力就会成就一切,这个努力不是马上结束,而是开始以后再结束。

当这个转化发生的时候,可能是几分钟、几小时、几天;一开始是需要努力的,后来就是自动发生的。

因为头脑发生了根本转化,和以前不同了,你会发现自己通晓一切,不需要外在的资源,你就是权威、你就是书籍、你就是一切，一切自动发生。

觉醒后人格还在，特质还在，喜欢苹果汁的，觉醒后你还会喜欢苹果汁，这些特质不会改变。

觉醒前做白日梦，不断有思想、头脑的介入；觉醒后就不受这些干扰了，有了什么就是什么，觉醒者能如是地经验实相。

看一棵苹果树，不需要评判它，它就是一棵树。

觉醒与转化

觉醒意味着具有毫不费力地与"如是"待在一起的能力，它只意味着这个而非其他。

开悟是指所有的白日梦都终止了。

转化是心花绽放，一个人不再将自己看作是与他人分离的。

完全转化是自我的终止、感官脱开而自我不复存在。

基本上，头脑不会被转化。

当我说转化头脑，是指转化模式与消融负荷。

自有人类历史以来，头脑就有了，这是我为什么告诉你不要浪费时间去转化头脑。

觉醒层次

觉醒有 100 级。

即使你是在第 1 级，你也是觉醒的。

如果你想像佛陀或基督一样，那么你必须在第 100 级。

觉醒的人将从愤怒、冲突、内疚和沮丧中解脱，但是在较低的觉醒层次的人可能短时间内有一些情绪，可能在短时间内受苦。

在较高的觉醒层次的人，是完全没有情绪和受苦的。

在 69 阶之前，我说你是觉醒的。

在 70 阶以上，我说你是开悟的。

当你觉醒的时候，你是和你的头脑脱钩的，但是念头还会流过你的头脑。

当你开悟后，念头基本上都停止了。

意识层次

觉醒层次与意识层次是不同的。

觉醒的层次表明你能与如实如是不费力地待在一起的持续时间,这就是觉醒层次所代表的。

意识层次代表你的自我的扩展程度,就是你与别人的联结程度。

起初,你的自我只关心自己,接着它会扩展到你的亲戚与朋友,然后扩展到你所处的社会、国家,一直到浩瀚的宇宙,你的自我会一直扩展。

处于很高的觉醒层次的人并不是一定处于很高的意识状态,因为这是不同的两件事。

第五章　教导

你的思想不是你的思想

第一个教导:你的思想不是你的思想。
第二个教导:你的头脑不是你的头脑。
第三个教导:你的身体不是你的身体。
第四个教导:你的自我只是个概念。
第五个教导:一切都是自动发生的。

请记住,思想已经发展了几千年,它们不是你的思想,不管你现在有什么思想,你的祖先和你的祖先的祖先也有这些思想,没有一个思想是新的。

大脑只是一个加工机器,大脑得到一个思想,将它加工;大脑得到很多思想,不断将它们加工。

不同的排列,不同的组合,大脑本身并不能创造新事物,它获得思想,再将思想加工。

这些思想都是非常古老的思想;所有的思想,甚至所谓的现代思想都是非常古老的,只是被大脑重复使用。

你的思想在哪里?在思想层中。

思想从眉心轮进入，再穿过人们头的后方出去，就是如此。

接收和传输思想，这就是发生的情况。

这是相同的大气层，它已被重复使用数千年了。

所有的动物都共享相同的大气层，所有的植物也都共享相同的大气层。

你吸进氧气，吐出二氧化碳。

植物吸进二氧化碳，吐出氧气。

从你的嘴吐出，到了蚂蚁那里，又到了大象那里，再到了植物那里。

大气层一直被重复使用。

同样，有个思想层，在那里思想不断地被重复使用。

其加工设备就是人的大脑。

你的思想不是你的思想。

所有的思想都来自于思想层。

这个思想层如同人类一样古老，所有的思想都记录在那里，而且现在还在那里。

哪些思想流入你，又从你那里流出？这是由你现在的健康情况、你目前所在的地点、围绕在你身边的人和许多其他的因素所决定的。

这就像看电视，你调整到一个电视频道来观看，同样，思想层里有很多频道，你可以调整到任何一个频道。

如果你调整到负面的思想频道,你就会得到许多负面的思想;如果你调整到暴力的思想频道,你就会得到暴力的思想。

一旦你洞察到"你不是你的思想",而且"这些思想也不是你的思想",那么你会发现自己调整到了一个正在播放宁静的频道,而你将获得宁静。

你的头脑不是你的头脑

只有一个头脑。

头脑是非常古老的。

你的头脑不是你的头脑。

每个人头脑的中心都是恐惧。

不管你是谁,你可能是这个星球上最勇敢的人或者最懦弱的懦夫,但是头脑的中心都是恐惧,这并没有不同。

所有的头脑,都从过去移动到现在,再移动到未来。

所有的头脑都试图成为什么,每个人的头脑都试图成为什么。

所有的头脑都有比较、嫉妒、羡慕、愤怒和欲望,这一切都在每个人的头脑中。

因此说,只有一个头脑,不是说你有不同的头脑或者某人有不同的头脑。

这就像你不能说这是我的结核病、他的结核病、她的结核病,这就是结核病,仅此而已。

同样,头脑是一种疾病,每个人都有头脑的疾病,这是同样的事情,这是没有差别的,古代人也有同样的头脑,头脑并没有改变,这是相同的。

你的身体不是你的身体

你的思想不是你的思想。

你的头脑不是你的头脑。

你的身体呢?你一定要明白,你的身体也不是你的身体。

这个被称作身体的东西,已经有百万年的历史了。

你不曾设计它,你没有创造它,你也没有改造它,你在其中完全没有扮演任何角色。

你没有让身体生长,身体自己会生长。

所以说，你的身体不是你的身体。

一切都是自动发生的

你的思想不是你的思想，你的头脑不是你的头脑，你的身体不是你的身体，一切都是自动发生的。

就像呼吸是自动的，体温是自动的，消化系统是自动的，循环是自动的，思考是自动的，说话是自动的，肢体动作是自动的。

这都是同样的东西，只是你有幻觉，现在你可能怀疑这个，你可能会说："我决定移动我的手。"

现代的科学相当先进，人们可以实时地观看大脑，在你移动手之前，大脑已经决定移动你的手，在你移动之前，它给了你决定移动你的手的幻觉。

事实上，你完全没有参与其中，因为"你"不存在。

事实上，"你"并不存在，但是你以为"你"存在，这是个幻觉。

思考在发生，没有在思考的思考者。

没有思考者，只有思考。

就像你画一个圆圈时，圆心应运而生，思考创造出思考者的幻觉。

没有人存在，只有思考在进行着。

一切都是自动发生的，这就是生命的美丽之处。

觉醒者会经验到这个美。

未觉醒者的经验是不同的。

譬如说，有个 W 先生，他是未觉醒的。

他站在马路上，一辆公共汽车开过来。"这是一辆红色的汽车。"他评论道。

一个美女走过来，他看着美女，美女走了过去。美女离开了两个小时，他仍然在想着美女。

"我要跟着她吗？""我要找到她吗？"他在自己的思想中跟着她。

譬如说，有个 L 先生，他是觉醒的。

在同一条马路上，美女走过来，他看见美女，有一刻是兴奋的，然后美女离开了，仅此而已，于是美女被遗忘了。

接下来过来一个老人，他注意到了。

老人离开了，然后来了一群学生，他也同样注意到了。

他不会在思想中跟着他们，因为他已经不再将他们命名了。

他不会称这个人是美女，那个人是老人，美女和老人都是一样的。

一个是对于美女的经验,另一个是对于老人的经验,同样是美好的经验,仅此而已。

这就是经验的美,没有认同,没有跟随。

你什么都不是

当你真正进入到静心状态时,你会体验到"只有静心,没有静心者"。

你会逐渐体验到"身体不是你的身体,头脑不是你的头脑,思想不是你的思想,你的自我只是一个概念"。

有趣的是,你也会发现,你的房子不是你的房子,你的妻子不是你的妻子,你的孩子不是你的孩子。

你会发现一切都不是你的,这是探索旅程的开始,最后你会发现你什么都不是。

沉思并回顾你的生命,你会发现所有的事物都是宇宙美妙的设计。

这之后,你会看到宇宙无形的手在那里,当你发现这一切的时候,它会把你带到更深入的探索之旅。

觉知是第一步也是最后一步

我说内容完全不重要,内容可以是任何东西,可以是愤怒、憎恨、嫉妒、恐惧以及对任何事物的欲望。

它可以是任何内容,这都不重要,它们不是你头脑的内容,它们是集体意识的内容。

集体意识是个浩瀚的海洋,波浪在海洋上起起伏伏,每个片刻都有某些东西浮现、某些东西消失,这完全不在你的掌控之下。

人们都是相连的,甚至与远古时代相连,一切的记忆仍然存在,这被称为阿卡西记录。

每件事物都流过你,如果你认同了它,我称之为某个思想的认同。

一切都在那里发生着,你的工作或你的职责就是看见发生了什么,就是觉知到什么在发生着。

你想象如果你觉知到嫉妒,你就可以免于嫉妒,完全不是这样的,如果你觉知到嫉妒,这就是了,这样就好了。

觉知到它就是喜悦,觉知到它就是自由。

并不是说嫉妒将有什么变化,完全没有。

内容并不重要,它可以是嫉妒,可以是憎恨,可以是欲望,可以是任何东西。

问题在于，你有觉知到当下发生了什么吗？

在当下，嫉妒可能会浮现，可能会消失。

当它第一次浮现时，也许你会认同它，然后它消失了。

也许一段时间之后，它又再次浮现，这一次，如果你觉知到嫉妒，这就是觉醒的时刻，你在那个时间点觉醒。

你可能会在一段时间后丧失这种觉知，也许它又会再次回来，也许你又会再次觉知到它。

每当你觉知到时，这是第一步，也是最后一步。

觉知并不会将你带到任何地方，完全不会。

你想象在觉知之后，你就可以去到某个地方，不，第一步就是最后一步，仅此而已，没有第二步。

发生在内在的内容是不重要的，如果你觉知到它，就会有巨大的喜悦。

这里还可以谈更多，但是我不会再谈，因为这样会使它成为一个概念，你会试着去到那里，同样的错误又会再次发生。

你在正确的途径上，唯一的问题是，你试着去到某个地方，但是你无处可去。

负荷在那里，这不是清理负荷的问题，而是你有觉知到负荷了吗？仅此而已。

并不是你需要一个定静的头脑，头脑根本就不是定静的，问题是，你有觉知到头脑是不定静的吗？仅此而已，这就完成了。

负荷不是问题，问题是从命名开始的，当你说它是负荷时，然后你就会问负荷是什么？它是从哪里来的？整个故事就来了。

你必须观察到你在命名的事实，头脑不断地在命名。

你必须观察命名的过程，仅此而已，其他的一切都会自动停止，你只是强烈地去觉知，这就是一切了。

你在生活，你在当下，这就完成了，没有什么地方要去，这很简单，它看起来很困难，是因为你对此有一些误解。

接纳自己

你所能做的就是看见那里是什么。

首先你不知道那里是什么，因为你一直在逃避它。

实际上，看见是一件痛苦的事，看见你的嫉妒思想、你的恐惧思想、你的焦虑思想，这并不是一个很好的经验。

你一直在逃避，这是人类唯一的问题。

我告诉你，看见它，转过身看着它，也许你会说："好的，让我来试试。"

最初，这是困难的，但是很快你就会了解，这很吸引人，实际上，看见它是很棒的事。

当你看见你的黑暗面、你的负面，你会停止谴责，因为你知道，这是真实的。

随之喜悦就会来临；随着喜悦来临，冲突完全消失了。

不是你的负面消失了，不是你不再嫉妒、不再愤怒、不再恐惧，不不不，不是这些。

你在生命中，第一次可以说："是的，我就是这个，我感到羞愧，这是唯一的真实，我是如实的。"

这是第一步，也是最后一步，此后发生的，都是自动的，不需要师傅，不需要教导，一切都是自动的。

你认为你可以做些什么来达成这个？其实你无法做什么。

如果你是一个嫉妒的人，你不会不嫉妒；如果你是懦弱的，你不会如狮子般勇敢；如果你是沮丧的人，你不会欢快。

你无法改变，你尽可能地尝试，但你无法改变。

教导怎么说的，你无法改变，也不需要改变，你是被设计成这个样子的，仅此而已，这是唯一的教导。

你接受了，"啊哈，我无法改变"，那么要做什么？什么都不需要做，这没有什么错。

你是被设计成这个样子的，你没有设计自己，上天把你设计成这个样子，是有目的的。

这样，你就可以完全接纳了，当你接纳所是，这就是静心，这就是实修，这就是一切了。

爱自己

每个人都有可以称之为负面自我的部分，每个人都有负面的一面。

西方心理学家称之为"阴影自我"，我称它为负面的一面，因为在词汇与内容上有些微的差异。

譬如你没说过谎吗？这么多的谎言，每天平均有 60 个谎言，任何人都是如此。

但是你愿意接受自己是个骗子吗？不，而且有时是预先规划的谎言，为了生存。

我不是在谴责你，我只是想告诉你发生的事情，但是你愿意看见吗？你不喜欢看见它。

你说："噢，我好爱你，祝福你。"你的内在却充满了憎恨；你的内在有很多的恐惧，你的外在表现得很勇敢；你很勇敢地说话，内在只有恐惧。

对于所有你给出的所谓的形象，都有负面的对应物，没有任何事物没有负面的对应物。

你有嫉妒、愤怒、憎恨、暴力、欲望，表面上是世界上最平静的人，你暗中却策划他人的死亡，偷偷地希望货车碾过他，将他摧毁，表面上却说祝你好运。

人们将这负面的一面塞到地毯下，藏在那里；它在那里发臭了，这对你造成了所有的麻烦。

当我说爱自己时，我是说爱这个糟糕的事情，你讨厌它、憎恨它、害怕它、不喜欢它，假装它不存在。

这世界上没有人没有这负面的部分。

谁是伟大的人？孔子、老子、佛陀。

他们基本的旅程是什么？他们知道这部分的存在，他们接纳它、爱它，而你没有看见它、没有接纳它、没有爱它。

你一直都在逃避它，或假装它不存在。

在灵性的旅程中，首先和最重要的旅程是挖掘出所有这些东西，移开地毯将它找出来，就这样，仅此而已。

它在那里支配你、毁坏你，这就是发生的事情，你必须把它挖掘出来，与它达成协议。

你不能对它做什么，因为那里有污染。

空气受污染了，意识受污染了。

它在那里，你只是假装好像它不存在。

灵性旅程是，你首先说"是的，我是这个，我面对它"，然后你就会看到奇迹发生。

这个奇迹就是你发现它是什么,这就是我说爱自己的意思。

没有人喜欢这污垢、淤泥,当你不喜欢它时,当你害怕它时,你要如何爱它?但是爱它是可能的。

是的,它是如此,它在那里,你能对它做什么?你不能对它做什么,这就是我说爱自己的意思。

做真实的自己

譬如你有些工作要做,但是你饿了,那么你最好先填饱肚子再去工作。

同样,如果你有自我需求,那么在帮助他人前,先满足你的需求比较恰当,满足自己的需求是很自然、正确和合宜的。

如果你不是如此,那么你所做的一切不过是被培养出来的。

美德必须自然产生,而不能培养的。

这就是为什么我说:"如果你没有开悟,不要表现得像个开悟者;如果你还未觉醒,不要表现得像个觉醒者。"

你有你的需求,为什么先专注在他人身上呢?这是行不通的，你的存在必须被表现出来，你的饥饿必须得到满足。

最奇特的事情是，当你满足了自己的需求，你发现自己自然产生了帮助他人的渴望。

这并非强迫自己或矫揉造作，而是你很自然地就会想帮助他人，变得无私。

在此之前，成为自我的人吧，以自我为中心并没有什么错，只有当自我采取危险的方式来表现自己时才是错的。

也就是说，你不应该只为自己的利益而行动，有时你可能认为是在表现自己，却变成了自私自利的行为，所以一定要小心注意。

表现自己，同时在灵性道路上帮助他人，并没有什么不妥，因为你很满足，渴望就会消失，到了下个步骤，灵性就会开始成长。

但是绝对不要为了帮助别人而否定自己的存在与需要，这么做迟早会惹上大麻烦，所以请自在地表现自己。

内在诚信是人们看见内在发生什么的工具。

它不判断、不谴责，也不提供解释，就是看见正在发生什么。

当你进入内在时，你会发现那里有许多糟糕的东西。

你有恐惧、欲望、愤怒、嫉妒、羡慕，缺乏爱与联结，你会看见很多糟糕的东西，你可能不喜欢你所看见的，但是你必须持续看见那里有什么。

然后你会发现那些东西不仅是在你的内在，在每个人的头脑中都有，自从人类出现在这个星球上，头脑就一直是如此。

你会发现这些都是人类头脑的各个方面，数千年来头脑都是如此，头脑并没有改变。

有恐惧、欲望、愤怒、嫉妒，但没有爱；对象改变了，但结构并没有改变，过去可能是害怕老虎，现在则是担心股市。

然后你会发现改变是不可能的，当你深刻明白改变是不可能的时，你的头脑就会保持沉默。

如果你也遵循外在诚信的话，效果将非常强大，但这也是很危险的，因此我不建议你这么做，除非你有了这么做的力量。

如果你看你自己的内在，发现了你是谁，并如实地接纳自己，爱你自己，你的外在世界就不会有问题。

如果你看到自己的内在，还是很难接纳外在世界，这表明你还没有真正地看到内在世界。

一对夫妇要离婚，妻子看到了内在所发生的一切，接纳并爱它,她就会马上看到外在世界的变化。

这里只有一个原因,内在世界是外在问题的真正起因,问题在于你很难看清楚自己的内在世界。

因为看到你是谁,真的非常痛苦,你有些隐藏起来,不让自己看到,也不让他人看到秘密的一面。

事实上,你与它失去了联结,你的恐惧在那里,你的伤痛在那里,你的嫉妒在那里,你的欲望在那里,你可怕的念头在那里。

它们都是让你感到羞辱并害怕看到的,而这才是让你的外在世界变得一团糟的原因。

当你有勇气不去指责它、不评判它、不辩解、不找借口、不逃避,而是拥抱它,就如同是抱着一个新生婴儿的时候,会怎样?

当你不打算评判你自己,会有什么问题吗?如果说你习惯性撒谎,现在你不评判习惯性撒谎是一个坏的品行,会有什么问题吗?

如果说你有巨大的欲望,那又会有什么问题吗?只有当你要谴责它时,问题才会出现。

如果你能简单地看着它说"是的,我的内在有欲望",会有问题吗?

如果你欺骗了某个人,你打算说"是的,我骗人了,是的,我就是这样,我是一个骗子",又会有什么问题吗?

你必须运用教导，教导会帮助你。

当你进入内在的时候，起初是非常困难的。

所以要不间断地做 21 天，你可以每天做 49 分钟或不间断地做 7 的倍数那么长的时间，7 天、14 天、21 天、28 天，无论你喜欢哪样，都可以。

你会很奇怪地发现，大脑在这 21 天学会了，从第 22 天起，你会发现它变得很容易。

我经常说，如果你看见自己的内在，你会发现，那是一个垃圾坑和化粪池，所有负面的东西全部隐藏在地毯下。

所有的这些都会出来，你面对它、接受它，奇怪的是你会爱上它，很美妙的是内容是什么并不重要，你看到它、接受它、喜欢它，仅此而已。

然后和平降临到你的内在，第一次你没有了内在的冲突，你不仅接受自己，你也接受其他人；你不仅爱自己，你也爱你周围的人。

你会发现他们对你的态度也在改变，不仅如此，长期存在的问题，金融问题、健康问题将不复存在，你必须尝试它。

你要做的是不仅要在头脑里了解这些教导，而且要将其应用。

外在诚信

外在诚信适合那些不在他人身上找缺点、不对他人生气、不嫉妒他人以及准备接受后果的人。

同样,我经常说,如果你没有觉醒,你不要表现得像一个觉醒者,你不是甘地,就不要表现得像甘地一样。

甘地可以面对英国警察、面对子弹、面对每件事,什么都不会发生在他的身上,因为他确实没有对英国人的愤怒。

佛陀也如此,佛陀遇到一个恶名昭著的罪犯,这个家伙常切人的头和手指,然后将其像个花环般穿戴起来。

有次,佛陀和他在路上相遇,看见他的人都会逃跑或晕倒,佛陀静静地走向他,罪犯很震惊,他无法对佛陀做什么。

后来,他成了佛陀的弟子,这是因为佛陀没有恐惧、没有愤怒;愤怒的人去那里,马上会被杀掉。

如果你没有恐惧,你可以接触骗子、罪犯,罪犯不会伤害你;如果你充满了恐惧,你只是为了练习外在诚信,你说"欢迎",这将非常危险。

外在诚信只能由一个高度成长、没有以自我为中心、克服了许多内在的愤怒与激愤的人来练习,仍然有内在问题的人不能练习。

虚假的自我

从过去到现在又流向未来的念头就是头脑。

自我是你的分离感，当你像佛陀一样完全觉醒了，自我就消失了。

我执是玩着自我把戏的心理性自我，就像"我是对的，你是错的"、控制与拒绝控制等，这些都是我执玩的把戏。

虚假的自我是在演戏的，而且你会发现这个表演本身就是虚假的自我，譬如，某个你不喜欢的人到你家，你甜言蜜语表示欢迎，这就是虚假的自我。

真实的自我说："我不喜欢这个人。"这是真实的自我，甜言蜜语地表示欢迎的是虚假的自我，你用心观察，你会看见，虚假的自我在演戏。

你只要觉知到真实的自我，事情就会开始转变，你不必去控制虚假的自我，那样的话，你会遇到麻烦。

仅仅是意识到内在发生什么、你的真实自我是什么就可以了，你不用在外在世界展现它。

譬如，你不喜欢你老板，你不必告诉他"老板，我不喜欢你"，如果你这样做，我不保证你的老板不开除你。

比较源自于不接纳

比较，基本源自于不接纳自己的生命、父母、身体、能力、思想与情绪等。

你在抗拒事实，以及试图成为某个不是你的样子。

你受苦于破坏性的情绪，愤怒、嫉妒、憎恨、沮丧等，这些情绪造成了你智慧的失败，所有的问题都源自智慧的失败。

接纳可以使你从这些问题解脱，而如何接纳呢？不是去了解、解释或者辩护情况，而是经验这些情况背后的痛苦。

当你经验依附在这些情况上的未解决的情绪时，所有的抗拒就化解了，之后，你自然会拥抱事实。

内在接纳带来智慧的觉醒，自卑感就自然消失了。

沉思时刻：

你在什么基础上与他人做比较？

你是否受苦于自卑感和优越感？

你有什么强迫性反应吗？

觉醒过程中最重要的两件事

我要提醒你们，觉醒过程中有最重要的两件事情。

首先是内在诚信，你必须对自己完全的诚实。

你是谁？你是什么？这些并不重要，重要的是，你能面对自己吗？你能诚实吗？你能与真正的自己在一起吗？大多数的人从来没有诚实面对自己。

这说起来容易做起来难，你很害怕自己，你不想看见自己，你想将所有内在的丑陋藏在地毯下，这不会真的对你有帮助。

第二件你要了解的事情是，你到这里来是为了将你的整个生命如游戏般嬉戏。

在足球比赛中，当中国队与日本队比赛时，起初它像是交战，但后来大家知道这是一场游戏。

同样，你必须认真生活，生活必须认真地对待，你必须热切地过生活，但是你应该知道，这是一场游戏。

你不能轻浮,你不能不负责任,不能马虎,你必须认真,同时知道这是一场游戏,如果你能发展出这种观点,这对于觉醒将有巨大的利益。

当你觉醒时,你将看见这世界是多么美丽、多么完美,你将真正开始将它当作一场游戏般嬉戏,你将第一次开始过生活。

你是被送来这里享受的!但是你将整个事情弄得乱七八糟,一旦你觉醒了,无论你生活的情况是怎样,你都会很享受,这就是生活的全部了。

带着这样的观点,你就可以进入静心,不要试图去静心,就是去看见。

你所必须看见的是,"看,我无法静心"。

如果你了解自己不能静心,静心就发生了。

觉醒与觉知

觉醒之前,你无法应用这些教导。

觉醒之后,你必须学习应用这些教导。

譬如，一个重要的教导是与你内在的状态在一起，经验你的内在状态，体验你的内在状态。

除非你觉醒了，否则你无法做到这一切；当你觉醒了，你就必须这么做，你必须觉知你的内在所发生的，而唯有当你觉醒了，这才有可能。

觉知不是达到目的的手段，觉知本身就是目的，觉醒者不会寻求任何的目的，他就是觉知天空的鸟儿、水里的鱼儿、身边的人，仅此而已。

当他持续做这些事情时，其他的事情就会发生，这就像炒菜，把青菜放在锅里，用油炒，青菜发生了变化，这就是转化。

与此类似，注意力与觉知是热度，内在的状态是青菜，在热度下内在的状态会发生变化，这种变化就是转化。

觉醒者应用教导，在注意力的热度下，他的内在状态会发生转化，而转化的人会进入非常高的意识状态。

觉醒就像是一个火炬，你必须运用它，来看见自己的内在状态。

觉醒就是给你一个火炬，运用火炬是你的工作。

看见就是觉醒

看见就是觉醒。

看见就是一切。

你唯一的问题是你没有看见,仅此而已。

当你开始真正看见时,"你"消失了,没有看者和被看者,就只有看,这就是觉醒,这就是觉知,这就是一切。

不幸的是,你犯了一个错误,你开始看见,但是你没有停在那里,你期待某些事情会发生,你想要经历转化,实际上没有这样的事情会发生。

这就像是你走在路上,你看见前面有一个坑,坑里有脏水和垃圾,你会走进这个坑里吗?不会的,你会避开这个坑。

同样的,当你和家人吵架,你看到这不是在伤害别人,而是在伤害自己,你还会和家人吵架吗?不会的。

这就像是有一个火盆,如果你真的看到它很烫,你还会用手去端它吗?你知道它会烫伤你,你会立刻把它扔掉。

同样的,你会伤害他人,你很愤怒,其实你在伤害自己,但是看到这点需要智慧,你看到愤怒在伤害你,伤害他人,破坏关系,你看到这些,你的大脑就不会再重复。

所以,你需要的只是去看见,你要知道,看见就是一切。

第六章　完全经验

完全经验

什么是负荷？负荷是你过去的不完整经验。

它不断地重复出现，被负荷驱使的人，对生活发展出非常狭隘的观点，在此情况下，关系成了他们的负荷表达或者展现的平台。

觉醒之后并不意味着你不再面对挑战和有困难的情绪，如恐惧、伤痛等，这些都是头脑一部分的经验，头脑就是这样开始的。

所有灵性过程的目标就是将人们带进不抗拒的意识状态，人们可以毫不费力地经验与感受自由。

自由意味着你能去经验，你可以迅速地将注意力放在它上面，将伤痛的经验转化为喜悦。

人们无法阻止这些感觉流动，当人们全然经验时，人们就可以看到伤痛转化为喜悦，情绪就不再控制你了。

我如何定义喜悦的经验？内在的宁静、意识的定静以及觉知，就是没有能量的损耗，能量被保存了下来，那份能量就是你所经验到的喜悦。

当因为缺乏内在的定静而丧失能量时，你就会经验到内在的冲突和痛苦,感觉自己很低落。

当移动到喜悦与感激的经验时,你感觉能量在上升,不太需要抗拒或与任何事物抗争,事情看起来更定静和完美。

所有的灵性修行就是为了促进意识的定静,帮助人们在经验各种情况时,保持镇定的状态。

定静并不是没有思想与思想的流动,这仅是指冲突与对事实的抗拒的消失,人们在一个可以观照经验的位置,能够以高度的注意力更强烈地观察,观察心理活动。

当对内在发生的事情有抗争与抗拒时,试图逃离的过程就会消耗大量的能量,使你感觉低沉,你就无法如实地经验真实,这时人们就会继续积累更多的破坏关系,在生活中创造许多的问题。

人们在生活中最重要的焦点要放在如何面对这些经验上,自由是经验内在所发生的,有信心与信任面对自己所经验与面临的,而不是寻找一种所有生活状况都是完美的、没有逆境的方法。

如何快速疗愈关系

世界是完美的。

没有人有什么错。

错的是你和你的观点。

如果你意识到这一点,你的人际关系会显著改善。

你开始生活在天堂,世界并没有改变,但你改变了,因为你的变化,世界就是天堂。

欲望是天生的

是谁让你拥有欲望?欲望是天生的。

唯一的问题是欲望会自然地降临在你身上。

那不是你自己设计出来的!你是被设计出来的,所有发生在你身上的都是被设计的。

你是在子宫里被孕育出来的,这一切不是你设计的,所以说你怎么会有责任呢?

欲望就是存在,而我也不觉得它的存在有任何的错误。

譬如说,你想要一栋好房子、一台好车子、嫁给一位好丈夫或娶一位好妻子……这有什么错?

只要这欲望不会伤害任何人,我就认为欲望并没有错。

如果这个欲望会为他人带来痛苦,这个社会就有权利来惩罚你。

当你感到满足的时候,你还会有多少欲望?你还会和欲望在一起多久?到最后,在某些节骨眼上想要自由或解脱的欲望就会产生。

我要如何和那些饿肚子的人或需要食物的人谈论这些观念?我不能告诉他们说:"来吧,让我帮助你解脱!"

还有,你认为压抑自己的欲望是很容易的吗?不!我发现很多的问题都是因为人们压抑自己的欲望造成的。

有对夫妻,他们的关系非常不好,我发现那是因为这个丈夫一直想从事计算机方面的工作,但他按照父亲的要求当了一名医生。

这种压抑影响到他的生活,破坏他与他人的关系,制造出许多的问题,例如动用暴力等。

拥抱苦难

当我使用"苦难"这字眼,是指你在"逃避苦难",这就是你所说的苦难，可是你却没有觉知到它。

假定有人死在你的家中，是你亲近或心爱的人，你不想面对这个事实，你不断躲开这件事，这就是你所说的苦难。

如果你回过头来拥抱所发生的事件，刚开始是极端的痛苦，你甚至会胸痛，有时会变得十分暴力，甚至身体会痉挛。

但是这次你决定不再跑掉，不像过去那样，试着去了解、企图去解释，你只是跳入到苦难里。

我把这称作跳入老虎的口中，就像你被悬挂在屋顶上，而老虎在下面吼叫，你害怕自己随时会落入虎口，这就是你所说的苦难。

我所说的是，请你从屋顶上跳下来，直接落入虎口被吃掉，很奇怪的是当你被吞了，自己就不见了，那还有谁能受苦呢？

因此我才说，你不必了解什么是受苦，你不必借助于心理学或者哲学，它们永远不能帮助你，它们只会帮你逃避，因为老虎会再一次扑击你。

最好的做法就是去拥抱它，而最奇怪的部分是，当你拥抱苦难，苦难会燃烧，最后会消失，我相信，早晚你会发展出这个艺术。

每当苦难来临时，你去拥抱它。

然后苦难就变成了喜悦，你自己试试看。

与痛苦在一起

痛苦是通往觉醒最快的方式。

当你痛苦时,千万不要摆脱痛苦,不要去逃避痛苦,相反,你要沉浸在痛苦中,与痛苦在一起,然后痛苦会转化成喜悦。

如何做到这点?你可以从身体上微小的疼痛开始,譬如一只小蚂蚁咬你,现在你试着和蚂蚁咬你的痛在一起,然后慢慢地去感受心理层面的痛。

先从身体上的痛苦开始,不是大的痛苦,而是小的痛苦,然后移到心理层面,你会很快学会与痛苦在一起的艺术。

当这发生时,其余的一切都是自动发生的,所以我说,与痛苦在一起是第一步也是最终的一步,没有其他要做的事情了。

我不说你去原谅，我说原谅会发生。

人们对自己的生活并没有控制，并没有责任，实际上人们是被控制的。

有的人很活跃，有的人很内向，有的人成了小偷，有的人抑郁，人们对此并没有控制，这是在种种因素促使下发生的。

如果你可以看到它，你就不会责怪他人，爱就会发生。

我们并没有独立他人而存在，我们创造着他人，他人也创造着我们。

你要发现自己的道路，如果你还在遵循和跟随着一些道路，你是没有希望的。

这同样适用于合一这条道路，你要不断去探索，慢慢地你就会发现自己的道路。

如何应用教导

你是什么不重要。

你头脑的内容不重要。

应用教导的意思是说，待在"如是"里。

如果有"苦"，你不逃避你的"苦"，你抱持着"苦"。

当你跟"苦"待在一起，你就开始经验它。

当你经验它，你就会变得觉知它。

这里，你必须了解，做这个不是为了去到哪里。

待在"如是"里，是第一步也是最后一步。

如果你能待在"如是"里，你在一个觉醒的状态。

如果你毫不费力地经验"如是"，你在一个觉醒了的状态。

请了解，你做这些不是要去到哪里，它本身就是终点了。

当你经验"苦"，或是觉知到"苦"，或是与"苦"共处，那就是喜悦，那就是无条件的爱。

它不会将你带到无条件的爱或无条件的喜悦中，毫不费力地待在"如是"里，就是无条件的爱，就是无条件的喜悦。

如果你有了这个洞见，你就完成了，这就是我说的"应用教导"。

两种教导

只要对你是自然的,我不会说有任何事情是错的。

我相信有两种教导,一种是头脑的教导,一种是心的教导。

如果你的心尚未绽放,这表示你在头脑的框架内生活,头脑围绕着自我运作,而自我需要表达。

自我需要拥有金钱、名誉与声望,这对自我而言是很自然的,自我甚至会制造牺牲。

"我不想要金钱,我不想要名望,我不想要声誉。"这也是自我的表达,因为你希望人们爱你,认可你的伟大,你放弃一切并对此感觉良好。

不论你对拥有名望、声誉或者对放弃名望、声誉,哪种感觉更好,这取决于你,不过这是相同的事情。

不论你放弃或者追求,这都是自我的表达,只要你在头脑内运作,追求名望、声誉是很自然的,对此你需要诚实以待。

那些心已经绽放的人们,他们很自然地不会执着于事物。

不是他们对此练习,而是他们的心已经绽放了,这对他们而言是自然的,知足与满意是他们的自然状态。

并非他们比较没有效率，或者比较不积极，他们只是为了更大的理由去做，而不是满足自己的自我。

合一的精髓

合一不是一种哲学，不是一种心理学，不是一种意识形态，不是一种概念，不是某种技术，并且它不是一种宗教。

合一的精髓，用一个词来表述，这个词就是"持有"。

如果你的妻子或你的丈夫造成你痛苦，那么合一说的是："有事情发生在你里面，请握住它，持有它。"

这不需要哲学、心理学、技术，也不需要阅读任何一本书，就是持有你内在的事情。

当你持有，看见和经验会自动发生，所以，第一件事就是持有，接着自动被启动，看见开始发生，经验开始发生。

这并不需要知识或者任何努力，什么都不需要！内容并不重要，你不必了解内容，握住它，这就是合一，你会见证纯粹的魔法。

你会看到自己周围的世界开始改变，你与人们在一起是这么愉快,你的财务问题、健康问题、关系问题,所有的问题都开始慢慢消失。

与如是在一起

尝试去保持住你当下所经验的事物,不管那里发生了什么。

也许你内在有许多情绪,诸如仇恨、痛苦、伤痛等,尝试和它们待在一起,保持住它们,去看见它们,之后全然地经验这些情绪。

这之后会发生什么呢?转化,能量的转化,当转化发生的时候,你当下正在经验的情绪就会转化成喜悦。

你尝试这样做,会看到能量的转化,所有负面的能量会燃烧,它们转化成喜悦,不论当下这个能量是什么,它们都会转化成喜悦。

譬如,在生命的过程中,你经验到痛苦,那就保持住它,和它待在一起,这是一个方法,全然去经验。

经验当下的事物,这个不需要你所学习的教导、知识、学问来解释,只是保持住它,和它仕一起。

当你刚觉醒,你的觉醒分数在10分左右时,那你会保持这个经验一分钟或者半分钟,但是对转化来说,这个时间足够转化为喜悦，如果你尝试用这样的方法做七次，那个痛苦就会消失。

如果你的觉醒分数在 20 到 30 分以上，那你就可以保持这个经验在 3 分钟左右，当你专注于这个经验的时候，它就转化成喜悦。

这个方法同样适用于处理你的嫉妒、愤怒以及自我冲突等，如果你可以 24 小时处于这样的状态，那么你就进入佛陀一样的觉醒状态。

当你的大脑层面改善得越多，你就可以更多地保持住当下的这个状态。

如果有了足够的改变，这个状态就如同你的呼吸一样，可以和所有你正在经验的事物共处。

这个时候，你会发现这个世界其实如此美妙，地球本来就是天堂，而你会看到你就是问题本身。

一对夫妇，丈夫觉得妻子唠叨，总想甩掉妻子，远离这样的生活，当丈夫开始尝试保持住当下自己的问题时，所有的事情慢慢发生了改变。

妻子的唠叨开始如同美妙的音乐在耳边回荡，他开始觉得妻子是世界上最美丽的女人，一切都开始变了。

当你觉醒了，并不断前进，某一天，你获得了佛陀一样的觉醒状态。

那时候，你会发现，你是一个非常平凡的人，吃饭就是吃饭，睡觉就是睡觉，走路就是走路。

那时候，你吃的、喝的都是当下你真正经验的事物，一切都是当下经验的，而不是像现在，一边喝水，一边做着白日梦。

那时候，一切对你来说都是超凡的经验，痛苦也是超凡的经验，吵架也是超凡的经验，恐惧也是超凡的经验，你会经验到真正平凡的人生。

看见如是

如其所是经验实相和看见如是，这两者是完全不同的，如其所是经验实相发生在觉醒者身上。

看见如是，意思是你必须对你的处境变得有觉知，这就够了，不要指挥它，不要合理化它，只要强烈地觉知它。

来自觉知，行动自然会冒出来，行动会改变如是，当如是被强烈地觉察到，如是就经历改变，这不是接受处境，只是对处境变得有觉知。

生活的艺术是毫不费力地与如是在一起的艺术，如果你已经学会这门艺术，那你已经走上了你的灵性旅程。

这个旅程以后是自动的，你无需书本，无需教导，你的生命就是你的老师,你会探索发现自己的道路,只有你的道路可以解放你,不是别人的道路或者教导。

超越念头

在你的内在挤满了一群人,你是某某的父亲、某某的儿子、某某的兄弟、某某的培训师、某某的员工等,在你的内在有很多人,他们整天说个不停。

向内看,这个喋喋不休一刻不停地进行着,当你学会了毫不费力地与如是在一起的艺术,首先你必须努力做这个,然后慢慢地,它变得毫不费力,这就是你觉醒的时候。

奇妙的是,如果你对内在的对话有觉知,对话就停止了,而一旦对话停止,你就超越了念头。

念头是无法捕捉到的,念头只是机械的、重复的,本质上只是过去透过现在流向未来,所以你必须超越念头。

终极的真理与无条件的爱是超越念头的,如果你要与终极的真理和无条件的爱面对面,你必须超越念头。

当你强烈地觉知,内在对话停止了;当这个内在对话停止了，念头就止息了，所有冲突平息了，头脑变得非常安静，在那一刻，就会有一个伟大的祝福降临。

一切都是一个梦

如果你是一位神秘家，你可以看到所有的念头在空中游荡、穿行，从两眉之间进入，从脑后出去。

现在假设一个念头在房间里游荡，这个念头长得像一朵玫瑰，但后来你发现这是一个嫉妒的念头。

那是你的念头吗？念头在你死后还会持续下去，因为那些念头就是待在那里，流经每一个人而已。

如果你看到这点，你就会投入到生活中，不会内疚，不会有羞耻感，也不会有评判，你会被爱与喜悦充满。

人们以为自己想出了这些来来回回的念头，而这是个幻象，这会带来一个控制者在控制一切的感觉。

事实上，这个控制者在推开或者抓住这些念头本身又是另一个念头，有一个控制者本身就是另一个念头。

合一不会让你到哪里去，合一谈论的是与如是待在一起，不是去到终点的手段,这里本身就是终点。

看见就是爱,那是一个活在当下的普通人的感受,你以为看见会把你带到哪里去,但是仅仅看到那是一个嫉妒的念头就会给你自由。

你只要去看,如果你可以看见,你会从生存转移到生活,看见本身就是自由,如果你可以享受生活,你就活出了合一,这就像呼吸一样简单。

你以为念头不是真实的,但是整个宇宙就是念头,太阳是信息,银河系是信息,一切万有都是信息,在那里只有念头。

观察者创造了被观察者,被观察者创造了观察者,从这个基础层面来说,一切都是一个梦。

第七章 爱与关系

无条件的爱

我现在所谈到的爱,它不是一种情感、一种力量,像你说的,它不是这些东西,这个爱不能被说出来,我能告诉你它不是什么。

它不是父母对孩子的爱,它不是男女之间的爱,它不是朋友之间的爱,它不是执着,它不是占有,它不是关心,它不是在意,它不是这些。

它是宇宙创造出来的东西,它是你的本然。

如果你能够深深地进入本来的实相里,它是空,它就是空性。

那个空就是爱,我们正在谈论的,它必须被经验。

首先,第一个层次是你必须觉醒。

第二个层次是让大我进入你,到那个时候,你就知道它是什么,否则它超出了你的理解。

我不批判你目前所经验的爱,这种爱也是完美的,我现在讲的是无条件的爱。

如果你看到某人,在这里有爱;如果你看到一只蚂蚁,在这里有爱……这就是无条件的爱。

当你经验无条件的爱时,你就是在"一"里,你不再与狗分开,与麻风病人分开,与乞丐分开,与富人分开。

没有什么与你分开,这就是完全的"合一",这是一个由"合一"生出的爱,所以一定没有条件。

爱是宇宙的本质

每个人的内在都是空虚的,为了填满空虚,人们会利用关系,不断地想要感觉被爱,因此一段关系中往往会萌生占有欲。

当爱是一种占有时,就会产生失去爱的恐惧,人们破坏了自己与他人的自由,却声称源于恐惧的行为是爱。

真相是人们不爱自己,关系不过是爱自己的手段,人们试图透过关系来满足自己。

请了解,你只能对他人做你会对自己做的事,一切的爱都只能从爱自己开始。

明白这点之后,你就会了解,你与自己内在联结的方式,正是你与他人联结的方式。

如果你谴责或批判自己的每个思想、话语与行动,必然也会对他人做相同的事情；如果你被自己的缺点困扰，你也会因为他人的缺点而去折磨对方。

当你不再与自己对抗，接纳自己真实的样子时，你就会爱上自己，与自己的内在和解，也与世界和解。

最终你会发现爱是宇宙的本质，是一个人真正的本质。

如何爱自己

你爱，因为你害怕失去亲爱的人。

如果你不害怕失去，那你根本就不会在乎。

所以宇宙中的每件事都是自相矛盾的，有前就有后，有高就有低，宇宙就是这样的结构。

你会因为某些原因害怕失去你的朋友、配偶、小孩，否则你是不可能爱他们的，有孤独才需要爱。

这样的爱是由威胁所支撑的，你会因为疾病或其他的原因失去那个人，然而生命就是这样。

生命的美好就在于如果你可以看到这件事和这种情况是不可避免的，你将会开始接受它。

事实上，已知的情况并不会有任何问题，问题是你没办法接受如实如是，如实如是就是那个时间点已发生的事。

你没有办法改变它，一旦你了解，你将会接受它，然后爱就会自然而然地在你心中升起。

培养一个美德是没有用的，试着要表现很好、很仁慈、很慷慨，这些行为都不会帮助你觉醒，因为这些都不是真实的你。

这就是我常常说的，如果你没开悟，就不要表现成开悟者；如果你没觉醒，就不要表现成一个觉醒者；你不需要把自己和耶稣、佛陀相比。

你不必觉得不妥，你就是你，没有其他人像你，你的嫉妒、你的愤怒、你的憎恨，不管在那儿的是什么，这一切都使你独特。

你可以看到你自己的愤怒、自己的嫉妒，就像你可以看到的任何一个东西一样。

要记得，这些东西本来就是宇宙把它放在那里的，宇宙的洪流创造了你，所以你必须要顺流走，跟它一起生活，经验它、享受它。

一个觉醒的人不会试着当别人，他就是他自己，你的问题是你一直试着要去改变。

这就像你试着要去把一只狗的尾巴拉直，当你认识到不可能改变时，接受你自己与爱你自己就会发生，就会自动发生。

心的重要性

对我来说,唯一真实的是心,只有心说的是真理。

心可能会说帮助他,这是完美的行动。

心可能会说不要帮助他,这也是完美的行动。

为什么心在这种情况下说去做,为什么心在那种情况下说不要去做,你并不了解,这来自于宇宙意识,来自大我本身的指引。

你不能了解为什么大我说这个,为什么大我说那个,聆听你的心就是聆听大我的话。

对我来说,部分必须服从整体,你是部分,整体显现为心,你必须服从整体就是必须服从大我或者你的心。

如果心说做这个,那就去做;如果心说不要去做,不管它说什么你都不应该去做,这就是服从心。

今日的人们不服从于整体,不依循自己的心,只依循自己的头脑,这就是为什么世界会一团乱。

当人们觉醒,心绽放了,人们自然就会依循自己的心,也就是依循人我的旨意,如果每个人都依循大我的旨意,地球上就不会有问题。

心的绽放

你的心没有绽放,你没有正确的感觉,你失去了与感觉的联系,心是紧闭的,这是事实。

你不应该说我希望我的心绽放,我该怎样做才能使心绽放,我必须变成这样或者必须变成那样,不,你不应该做任何努力来改变这情况。

如果你试图改变它,你将一无所获,与事实在一起,接纳心是死的、心是紧闭的、心没感觉的事实。

不要离开事实,看着它、接纳它,与事实在一起,这样就好了,你的心很自然、很自动地就会绽放。

如果你试图做些什么来使它绽放,什么都不会发生,你可以做很多年,但是什么都不会发生。

最快速、最简单的方法是留在事实中,不要离开事实,一直都只有这个事实。

告诉自己:是的,我可以看到自己没有心、没有感觉、没有适当的情感,什么都没有,它是干枯的。

这样就好了,这就是静心,待在你所在的地方,走出你的状况不是静心,其他的都是自动的,你不需要做任何事情,你也不能做任何事情。

成为温暖而敏感的

当你一直想着自己，你就会听不见和看不见他人的感受。

当我说要成为敏感的人时，这不意味着你马上跑到街道上，帮助那些乞丐，为他们建一个家，或者开一间孤儿院，虽然当一个人心花绽放时，这是可能的。

如果你能从简单的事情开始，这是很好的，当你母亲咳嗽时，很快给她递上一杯水。

当有人痛苦时，耐心地倾听；当某人辛苦工作，期待你给予一句感谢的话时，给予他；当人们需要的时候，给他一个安慰的微笑、拥抱或者鼓励。

有一千种表现敏感的方式，只要将你的耳朵和眼睛保持敞开，你就会看见神奇的事情展开。

成为敏感的人有时也意味着无所作为，这意味着他人软弱的时候，不批评或者不大声评判，或者不使用那些你知道的可能会伤害他人的敏感词汇。

有时候,你可以借由保持沉默来帮助他人,要知道,敏感基于意识到万物是相互依存的,是彼此的一部分,互相参与了彼此。

心的渴望与头脑的渴望

头脑的渴望,源自于比较,源自于嫉妒。

心的渴望,不是因为比较、嫉妒、不安全感或者任何事物。

一个人喜欢拉小提琴,不是因为他想成为世界上著名的小提琴家,只是因为他喜欢拉小提琴,显然这是源自于心。

人们从来没有允许心绽放,要经验这个比较困难,孩子从来没有被允许做自己。

如果你从内在诚信开始,那么心很快就会绽放,你会在自己的生活中看见清楚的差别。

你会看到喜悦回来了,你会感到很快乐;你看着人们,你感到很快乐,你绝不会对人感到厌烦。

当你看到一个人,你得到能量,这意味着你的心是活跃的。

当你看到一个人,无论是谁,你都得到能量,这意味着你的心是敞开的。

唯有当你的心是敞开时，你才是人，否则的话不是。

正向的感觉

思考越正向，就会有越多的负向思考跟着来。

当你站在镜子前反复说一些激励自己的话，其实永远不会奏效，因为反馈是负向的，正向思考会导致负向。

秘诀不是正向思考，而是正向的感觉，这就是为什么我说你在祈求渴望的事物时要有"情绪"，实际上就是指"感觉"。

该怎么做才能产生正向的感觉呢？秘诀如下：你必须产生感觉十二分钟，然后重复七次，这样就可以化解心理障碍；透过头脑，你永远无法产生正向的感觉，必须运用身体才行。

譬如说你很胆小，但想成为勇士，那么请在房间里像狮子般走路，改变你的姿势，并勇敢地说话，就这么感觉自己真的是个勇士，持续十二分钟，再重复做七次（即七天），心理障碍就会开始消失。

接着，在有较多人的场合，譬如在家人或更大的团体面前这样做，那么障碍就会完全消失，无意识部分也会被移除。

如果你想要的是钱，也很简单，有个农民就利用这个方法，在十六天后得到了六万元。

你必须像个百万富翁般坐着、走路、说话，因为当你有感觉时，头脑就不会质疑，负面性就会被摧毁，而新的程式会嵌入，而这一切都不是透过头脑进行的。

生命就是关系

改善与父母的关系是最重要的，理论上而言，所有的关系都反映了你与父母的关系。

你与丈夫（妻子）、孩子、朋友、工作伙伴的关系，都取决于你与父母的关系，一旦你与父母的关系改善了，一切都会改善。

生命就是关系，这就是为什么，如果你与父亲之间的关系很糟糕，你很可能有财务问题；如果你与母亲的关系很糟糕，你就有不必要的障碍。

生命会反映出关系中的问题，生命就是关系，当这些关系改善时,就会影响心,心与大脑相连,某些信号会从大脑发射出去。

譬如,某人必须给你钱,却没有给你,一旦你改善关系,心就会传递信号给大脑,大脑是个发射站,那个人就会接受这些能量,他的心就会改变,然后他自然会将钱还给你。

理论上讲是这样,通过经验你可以证实,你做这个就会得到那个。尝试一下,看看会发生什么。

如何处理关系问题

有些时候,人们的关系不良是因为人们被错误地制约、缺乏某种领悟造成的;而有些时候,则是在关系中,人们建立影像造成的。

假设你结婚了,丈夫开始建立对妻子的影像,妻子开始建立对丈夫的影像,这可以在任何的两个人之间发生,此后影像开始关联,你们不再经验对方,然后关系就消亡了。

这些时候,教导可以帮助你,譬如教导说,为了拥有良好的关系,从自己开始,而不是从他人开始,看见自己、接纳自己、爱自己，当这发生时，很自然地，他人就会看见你、接纳你、爱你。

前阵子，一对伴侣前来与我会面，他们的关系很糟糕。

女人说："这男人是个酒鬼，我无法与他一起生活。"

男人说："她是个水性杨花的人，我无法与她一起生活。"

这是他们的问题，我告诉他们："在这里，不处理他人，只处理自己。"

我与女人讨论了水性杨花的问题，我说："你要改变你自己，你要做的是，看见自己，看见水性杨花的成因。"

先看见这个，接纳这个，"是的，我是个水性杨花的人"，接纳它，一旦你接纳了它，你就会开始爱自己；"是的，我是个水性杨花的人，这就是我"，你就会爱上自己。

女人认真照做，她看见了自己，接着她开始看见那个男人，看见他为什么会有那样的行为，她接纳了他，她爱上了他。

她没有要求他放弃饮酒，因为她接纳了自己，爱上了自己，所以她就接纳了他，爱上了他，这发生在她身上了。

另一方面，酒鬼看见自己，他看见自己为什么喝酒，看见自己是个酒鬼，他接纳了这个，他爱上了自己，之后，他也可以接纳女人是个水性杨花的人，接纳她、爱她。

最后，某些奇妙的事情发生了，她不再是个水性杨花的人，他也不再是个酒鬼。

我只是帮助他们接纳自己、爱自己，教导可以有这样的帮助；在很多方面，教导可以这样帮助你。

如何在关系中经验他人

人们之所以不了解彼此，正是因为人们试图了解彼此。

人类的问题，就出在试图去了解无法被了解的。

没有人可以真正被了解，有无数个因素导致你以现在的方式行动。

你没有办法了解他人，试图了解他人就像剥洋葱，你可以不断地剥洋葱，最后却一无所获，因此解决的方法就是学习经验他人的艺术。

当你学会了，无论那人是谁，无论他是什么样子，在经验中都会有喜悦，而你们会有一段非常美好的关系。

如果你试图去了解彼此，今天的了解将成为明天的误解，因此别再试图了解他人。

譬如说你结了婚，妻子经常唠叨，如果你读过许多心理学的书，你就会先解释她的行为，或忙着去了解她。

如果你不做这些，而是真正开始经验她的唠叨，那么奇妙的、美好的事情就会发生。

唯有当你不去做任何解释或批判时，才可以经验他人，这就是为什么在合一状态时，许多人学会了经验彼此。

合一之前，他们会抱怨伴侣的唠叨；现在当另一半开始唠叨时，他们会处在狂喜中。

尚未到达合一状态前，他们会逃离家；但现在不会了，因此从关系亲密开始去经验他人是很好的。

在伴侣关系中，常见的问题是彼此不断努力想了解并改变对方。

你一直都在分析你的伴侣，事实上有无数的因素，甚至整个宇宙每时每刻都在影响你的伴侣。

一个人若是一直都在改变，又怎么可能被了解呢？任何为了了解所做的努力都是徒劳的，因为当你去了解时，他又改变了。

你已经试了许多方法来改变伴侣，譬如保持沉默、反击、建议、表示爱与关怀、离开等，可悲的是，预期的改变往往没有发生。

借着试图改变伴侣，你在无意识中暗示了另一半并没有好到可以被爱，这种伤害进而导致了关系中的疏离。

试图改变伴侣就像一年三百六十五天都看同一部电影，却期待电影有一天会改变一样。

如果你认为幸福的关键在于看见他人改变，那会是非常困难的事情,通过改变伴侣去打开幸福之门只是幻想。

所有的转化都是自动发生,当你接纳并如实如是地经验你的伴侣时,就是爱的开始。

改善与父母关系的重要性

每当有人的心被打开,或者内在发展了很大的洞见时,我感到十分喜悦。

每当亲子关系被导正时,我感到更大的喜悦,对我来说,这是一个家庭觉醒的保障。

亲子关系是关键,也是非常具有挑战性的要素,亲子关系被导正后,一切都会就位,经济、健康等种种问题都将被解决。

一个家庭的和谐圆满会影响十万人的和谐圆满,人类因此获益匪浅,甚至可以防止旱灾、水灾、战争的发生。

家庭圆满的影响与益处是不可限量的,因为当关系被导正之后,心就会传送不同的信号给大脑。

大脑像是信息传送站,它传递信息、思想、感觉到思想层,人们再从那里吸收思想。

一个家庭的和谐可以影响十万人,这意味着它将影响全人类的意识。

我把世界视为一个大家庭,每当某些人有所突破时,世人都能因此获益,我也因此感受到极大的喜悦。

改善与父母的关系最简单的方法之一,就是开始去经验他们,就像你到了海边,看着海浪、感觉微风吹拂,这时你会如何去感受呢?或是想象你正在品尝一道美味佳肴,你会如何经验呢?

同样,如果你的父亲正在咆哮,就把这当作狮子吼般来享受;如果你的母亲正在摔盘子,就把这当作一首乐曲来享受。

你必须开始去经验这些事情,去经历那些对你而言可能很痛苦的时刻,你必须开始去经验。

这个练习并不难,我看过许多人只花了一个月就办到了,重点不是改变他人,而是你改变了。

这就是你必须练习的方式,抱怨父母是没有用的,你必须致力于处理自己,人们习惯处理他人,但这样会一事无成。

你无法改变他人,你能做的就是改变自己,最奇妙的是,你若改变了,只须再等待一段时间,他人就会自动改变。

对于你与父母的关系,你唯一要做的就是处理自己,因为你没有接纳自己,也没有爱自己。

当你处理自己时,你就会开始经验你的父母,你会接纳他们,爱他们真实的样子,而不是你希望他们成为的模样。

在所有的关系中，他人并不重要，你必须改变自己的态度与对他人的看法。

你只要在心中改变自己对他人的看法，并以这个方式改善你们之间的关系就可以了。

成为父母的意义

为人父母是最困难的角色之一，大部分人都受害于自己没有得到父母的爱，而一个人如果没有得到爱，要表现爱是很困难的。

身为父母却不知道怎么做才是爱孩子，占有与透过孩子来满足自己未满足的需求，这样并不是爱；另外爱也不是满足孩子需要的东西就可以。

除了关心，孩子还需要更多其他的，比方说他需要体验到你的注意力、友谊与无条件的接纳。

你必须意识到发生在孩子内在的改变，并透过了解来应对；与孩子最好的联结方式，是自己偶尔也变成一个孩子。

童年时体验到爱的人，自然会成为一个充满爱的伴侣、朋友、善解人意的父母,而且往往会是一个成功的人、快乐的人、有灵性的人。

当孩子还在子宫里时,丈夫必须让妻子快乐,而妻子必须对丈夫有好的想法。

养育子女是非常困难和艰巨的任务,这就是为什么只有那些在身体、心智、情感与心灵上都符合资格的人,才应该拥有孩子。

悲惨的人不仅自己受苦,还会让别人受苦,进而创造一个悲惨的世界。

人们必须知道成为父母的意义,这对于整个社会是非常重要且意义深远的。

婚姻关系

毫无冲突的关系或完美的关系在现实中是不存在的,生命是动态的,它提供每个人各式各样的经验。

没有争执、口角或愤怒,一直都能表达爱和情感的理想关系,只存在人们的想象中。

相反，允许他人做自己，是和平关系的典范，但这只有在你能够了解改变彼此是无用的时候，才有可能。

你的观点和想法可能对你很好，但是期望你的伴侣也必须采取同样的框架则会产生问题，没有任何伴侣可以永远意见一致。

你是多种因素的合成体，例如出生的过程、童年、天气、吃的食物等，你的伴侣也是如此，每一个人采用的方式都是独一无二的。

期待另一半有同样的看法并不明智，当你明白这个真理时，就能开始经验你的伴侣。

譬如妻子对你生气时，如果你可以真的与她联结，并且像享受一杯咖啡般地经验她的愤怒，这将迎来你们婚姻生活中最令人满足的一刻。

这项练习一定会使你的另一半觉得自在，因为你并没有试着抱怨或拒绝，这是健康婚姻生活的不二法门。

倾听的艺术

当某人在说话时，你往往会透过你所有的知识，以及你的制约来接收他的话，而这让你确实无法倾听到他。

当你开始倾听时，必须将一切事情先放在一边，用干净、清醒与开放的头脑来听。

但现在我不是要谈论这种倾听，而是另一种，当你听另一个人说话时，内在会发生某些反应，你必须倾听它。

如果有人向你诉说他的问题，你在倾听时，他生活中的某件伤心事或许就会在你的内在出现，让你产生共鸣，这就是你必须去倾听的。

当你倾听时，你的心会告诉你，"握着这个人的手"，"碰触他的头"，或"拭去他的泪水"，这都是来自你内在的回应，而当你这么做时，会是最适当的行动。

选择伴侣时，不仅倾听对方，也要倾听自己，如果与某人交谈令你感到不安或不自在，那么这人很可能不是你的终身伴侣。

反过来说，在交谈中令你感到非常愉快的人，可能就是合适人选，无论如何，你都必须自己去探寻。

父母如何教育孩子

父母必须懂得一些生命发展的基本心理学,了解当孩子在五岁、十岁、十五岁、二十岁时,会有什么样的思考、感受和行为模式。

父母必须具备这方面的知识,因为很多的谜都源于此。

孩子叛逆时不听话、不服从你、不与你说话,这些行为举止全都受到其生理机制的控制。

此外,与孩子交流时,你必须也如孩子一般,站在孩子的角度,回想自己五岁、十岁、十五岁大时的样子,你就会知道该如何对待孩子。

还有,不要把孩子当小孩来对待,要将他(她)放在与你平等的位置上,而不应视之为非常渺小和微不足道的人。

在孩子六岁前,待他(她)如国王或皇后;六岁至十二岁时,待他(她)如王子或者公主;十二岁后,则把他(她)当作朋友。

要成为好的父母,你的内在必须没有冲突、恐惧、焦虑,你必须是个整体,内在不能分裂,必须保持完整。

你必须看见自己本来的样貌,如实如是地接纳自己、爱自己,这是你可以对自己做的。

如此一来,无论之后你做什么,对孩子来说都是完美的,他(她)会忠实地回应你;如果你内在不和谐,那么不论做什么,都只是做出动作而已。

青年人的成长

一个国家的希望在于它的青年人,纵观人类历史,如果出现了任何的转变,都是由青年人带来的。

借由青年人的转变,孔子在中国带来了转变,苏格拉底在希腊带来了转变,甘地在印度带来了转变。

青年人带来国家的转变,因此说国家的未来在青年人的手中。

作为一个青年人,你要不断成长,必须做好三件事。

第一,你必须接纳自己,爱自己,这是一切的基础。

第二,你必须改善你与父母的关系,这意味着你有爱心,服侍、尊重你的父母。

你没有权利去评判他们,你必须接纳他们本来的样子,你必须爱他们，服侍他们，尊重他们，当你这么做时，你们的关系就会改善。

当你没有评判时，关系就会改善，心就会绽放。

当你的心绽放，它就会和地球的心同步。

当这两个心同步时，你就会拥有健康的身体，美好的事物就会发生在你身上，宇宙的恩典就会流经你。

当你回到家里，你服侍、尊重和爱你的父母，你就会得到世界上所有的祝福。

你会通过你的考试、结婚，你会实现所有你想要的，你的人生将非常成功。

如果你在此失败，就会有不同的问题落到你身上，孩子问题、工作问题、意外、疾病等。

你与父母的关系是一切问题的根源，如果你处理了这个问题，一切问题就都可以处理了。

第三，你必须发现你心的渴望。

渴望，是好的还是坏的？

有人说是好的，有人说是坏的。

2500年前，佛陀放弃了欲望，放弃了他的王国，苦修而开悟，他给世人的讯息是，欲望是受苦的根源。

放弃欲望，佛陀实际上有两个陈述，心的渴望是完全没有问题的，头脑的渴望必须放弃。

你的渴望发自于心，宇宙会成全你；如果你觉得开车很棒，这是发自于心的渴望，这渴望就会实现，你会得到心爱的车子。

如果是你的邻居开着漂亮的车子，因此你想要一辆更好的车子，这是来自于你头脑的渴望，这渴望就不会被实现，所以你必须去发现你心的渴望。

教育者的神圣职责

每个教育者都肩负着创造有效教育系统的神圣职责。

不仅要培养学生迎接社会挑战的能力，而且要将学生塑造成拥有更大价值观和内在自由感的人。

以最大的关怀与爱去培育孩子，孩子自然会以爱回应。

帮助孩子接受失败，孩子自然可以获得面对生活挑战的力量。

信任孩子，孩子就可以学会信任。

当孩子犯错时，给予拥抱，他们就能学会宽恕。

最重要的是，教育孩子一定要"真诚地面对自己"，使孩子学会面对自己的情绪、思想、不足与无能。

"真实"会给予孩子巨大的力量、勇气与智慧来处理生活，如此一来，你将会看见孩子绽放为一个成功的人。

请记住，你不仅要提供建议，还要以身作则，活出你给孩子的建议，让他们可以向你学习。

身为老师，你会成为孩子未来的模范，因为孩子会成为他们所看见的人，合适的榜样有助于在孩子的内在创造正确的思想。

思想塑造了一个人的行动，重复的行动形成习惯，习惯塑造一个人的价值观，价值观塑造一个人的性格，性格塑造了命运。

所以，请你成为伟大命运的起因，成为你所倡导的吧！

第八章　感恩

内在的大我

有时,你会看到成百上千只鸟儿一起飞行,和谐得就像是只有一只鸟儿在飞,你看过这种景象吗?

如果看过,你会知道,整群鸟儿其实只有一个意识,而且一只只鸟儿都会跟随着这整个鸟群的意识。

有时,你会发现有一两只小鸟儿落队,但它们会再度跟上,融入群体,继续一起飞行。

我说,如果你就是其中一只鸟儿,那么所有鸟儿所共同形成的整体鸟群就是你的"内在的大我"。

当我说你的"内在的大我"觉醒了,代表着你是那个已经跟整体有所接触的"部分"。

在鸟群中,如果有一只鸟儿脱队,会有两三只鸟儿飞出去帮助那只鸟儿再度归队,唯有如此,整体才能运作。

只要那只小鸟儿跟随着鸟群的整体,你便可以说那只小鸟儿跟随着鸟群的整体意识。

如果你拥有"内在的大我",并且可以跟"内在的大我"对话,那么,你这个"部分",就是在跟随着整体意识。

只想跟随整体意识这还不够,你还必须知道整体意识是什么，如果你不知道，你就有如失群的孤鸟，这样的你就有如孤儿。

"内在的大我"是整体，拥有"内在的大我"表示你跟整体有接触。

人类意识的整体加起来远远大于个体的意识，这不只是 1 + 1 = 2，而是 1 + 1 = 4，这就是所谓的"综合浮现"。

氢加氧形成水，但是水的特性却跟氢或氧截然不同，这个浮现出来的意识可称为宇宙意识，而这个宇宙意识就是所谓的"内在的大我"。

"内在的大我"是你内在的指导，也是你至高无上的朋友，可以引导你、保护你。

每一天你都处在冲突中，什么是对，什么是错？什么是好，什么又是坏？你无法决定，就算你做出决定，很多时候你也还是会后悔自己的决定。

当"内在的大我"觉醒，你会很精确地知道该如何响应生活里的每一刻处境，你踏出的每一步都会得到指引，你可以信任这个指引。

"内在的大我"会全然如实地接纳你的样子，并且当你拥有"内在的大我"时，要觉醒就非常容易了。

说到这里，你已经知道"内在的大我"是什么，你又为什么需要"内在的大我"了，现在，我要告诉你"内在的大我"的觉醒究竟是怎么发生的。

基本上，在现在的社会里，人们所接受到的学校教育、生活教养跟生活形态，都不允许人们去经验及表达自己的情绪，人们是相当压抑的，人们要接触"内在的大我"有其困难之处。

一旦你接触到自己压抑的情绪，而且一旦你邀请"内在的大我"与你的整个心完全同在，"内在的大我"就会以它所选择的样子或是你期望的样子在你的内在觉醒。

拥有"内在的大我"是人类的自然状态，就像是呼吸或消化一样自然，在古老的过去，每个人都跟他们"内在的大我"有接触。

一百年前，非洲有许多部落的人们仍能跟"内在的大我"直接沟通，他们的生活非常美妙。

要拥有"内在的大我"，你所要做的只是发自内心，带着情绪、带着深刻的情感、带着一种联系感、带着一种喜欢的感受，邀请"内在的大我"。

然后，"内在的大我"将会在你的内在觉醒，这其实并不难，你以为这很难做到，这是一种有着各种错误的认知。

其实"内在的大我"一点也不在乎你是个怎样的人，"内在的大我"是你的朋友，它不会批判你，也不会谴责你，它只希望你能带着情感去邀请它，如此而已。

如何更接近大我

你可以以概念与大我联结,或以思维结构与大我连接,大我是不能以思想教授的东西。

它与头脑无关,它是活生生的事物,它不能被空间所控制,也不能被时间所控制,既然它是活生生的经验,它总是在当下。

如果你要达成这个,头脑必须保持安静,改善你与父母的关系。

改善与父母的关系最简单的方法就是开始经验他们,你必须开始经验那些对你而言的痛苦时刻,你必须开始经验它们。

抱怨你的父母是没有用的,你必须开始处理自己。

你不能改变他人,你所能做的就是改变自己,最奇妙的事情是,当你改变时,他人就会自动改变,这只须等待一段时间。

一对夫妻从美国来找我,他们之间有些问题,妻子见到我之后他们的关系就发生了变化,我甚至没有看见她丈夫。

为什么会这样?因为在内在,人们都是相连的。

对于与你父母的关系,你唯一需要做的就是处理自己、接纳自己、爱自己。

当你这么做时,你就会开始经验你的父母,你会接纳他们,爱他们真实的样子,而不是你希望他们成为的样子。

这是个活生生的经验,它看起来很难,但事实并非如此,很多人都达成了,毫不费力,特别是那些生活得不复杂的单纯的人,他们很轻易就做到了,他们的生活被彻底转化了。

感恩创造奇迹

奇迹的传统定义是大我所介入的超凡事件,人们也用这个词来描述以前认为不可能的发生。

感恩就是其中一个这样的奇迹,它具有将困难或挑战转为祝福的力量。

有不计其数的不可能突然变成可能的故事,唯一的一点是你必须愿意看到它们、承认它们。

譬如,一个原以为得了不治之症的人被告知只有3个月的生命,在10年后他却依然健壮;一个被告知永远无法怀孕的女人,不久之后怀孕了。

每当你在生命中遇到困难、挑战、障碍,感到痛苦时,应感恩它们帮助你的智能与内在力量成长,称颂它们赋予你的生命更深一层的意义与丰富。

任何情况都可以透过爱与感恩疗愈,也许疗愈不会以你期待的形式,或者你希望的精确时间来临,但是它会在注定的时间发生,只要对它敞开,拥抱它,你就会创造自己的奇迹。

崇高的特征就是感恩

在这世界上有两种人。

第一种人是利用他人来使自己成功。

第二种人是觉得自己被生命中的每个人与每件事所帮助,这些人是感恩的人。

人的本质是不感恩的,感恩的人是卓越的人,意识状态非常进化的人会感恩。

崇高的特征是感恩。不幸的是感恩的缺乏阻碍了人类成长。

你是你所是的样子,不是因为你选择成为那个样子,而是事件、大自然、人们、整个宇宙使你成为你所是的样子。

你的父母、兄弟、姊妹、朋友、教师、邻居,每个人在你的生命中都扮演着一个角色。

作为孩子,你欠抚养自己的母亲一个感恩,你也欠给予自己安全感的父亲一个感恩。

作为学生,你为你所接受的知识与智慧欠教师一个感恩。

你也为了从前人那里接受到的生命经验和知识欠前人一个感恩。

别忘了,也要向植物、动物与整个存在表达感恩……

如果有人以某种方式帮助你,而你表达感恩,这意味着心在运作。

当感恩来临时,心就会发出一个信号,帮助你的人就会收到这个信号,当这个人接收到信号时,你就会从那个人身上得到更多的祝福。

当你进入感恩的状态时,头脑本身也会以更好的方式来运作;如果没有感恩,大脑这个器官就会变成较差的器官。

当你感恩时,那些真的憎恨你的人,多少会感觉到你的感恩,你就会从他们那里得到一些祝福。

有感恩的人比没有感恩的人成长得快。

正如你拥有银行账户,你也拥有善业账户与恶业账户,你获得的祝福都会被记在善业账户中。

如果你遇到一个问题,而你祈求解决,大我就会从你的善业账户中提取,解决你的问题。

假如说你没有善业,大我就会从你父亲的账户中、你母亲的账户中或某个其他的账户中提取。

如果都没有,大我就会从宇宙的账户中提取。它必须从某个账户中提取,否则的话,大我不能展现奇迹,不能真正帮助你。

你越来越多地表达感恩,你自己的账户就会越来越丰盈,这可以帮助大我在未来帮助你。

当你的心栖身于感恩中时,你明白宇宙是丰盛的。

你生命的每一刻都被上天的恩典所指引着,一切的生命都仅是朝向这个目的地的旅程,这目的地就是天人合一。

就像是源自各处的河流中的水都流进了海洋,所有的事件、情况,不论好的或坏的、痛苦的或欢乐的、美丽的或丑陋的,都带领你走到天人合一的目的地。

全然经验生命的每一刻

生命是单纯的,你出生、上学、读书、工作、做生意、赚钱、谈恋爱、结婚、生孩子,获得一些名誉和声望,经历人生的起起伏伏。

你吃饭,看电影,享受各种乐趣,你帮助他人,也制造一些与他人的问题，这一切都是生活的一部分。

　　合一是单纯的，合一是关于一些小事情。当你吃饭的时候，你必须觉知到你的饮食；当你担心你的妻子和孩子时，你必须觉知到那份担心。

　　当你愤怒或者嫉妒时，你必须觉知到它，无论发生的是什么，你都必须觉知到它，它是什么并不重要，重要的是你觉知到它了吗？

　　觉知到你的呼吸；觉知到你在行走；当你看到你的妻子时，觉知到你妻子的脸；当你看到你孩子时，觉知到你孩子的脸。

　　你觉知到你所有的感觉，带着觉知做简单、平常的事情，这就是我说的投入生命。

　　做这些简单的小事情就是觉知，合一就是关于这一切，当你持续地做这些小事情，伟大的事情就开始发生。

　　你的焦点不应该放在那些伟大的事情上，而是应该放在这些简单、实际的小事情上，其余都是自动发生的。

　　如果你这么做，你就会到达那里；如果你没有这么做，你哪里也去不了，这就是投入生命，这就是全然经验生命的每一刻。

发现自己的道路

最初,有些事发生在你的生命中,你变成一个求道者。
而后,你走马观花……
终于,你选定了一条适合自己的道路。

选定了一条路,你必须坚持这条路。
当你意识到自己无处可去,就出现了一个点。

而后,这条道路消失了。
在那一刻,你会意识到你的道路。
当所有的道路都消失了,只有在这个时刻,你才会发现自己的道路。

每个人都是独一无二的。
每个人的业力是独一无二的。
每个人的道路也是独一无二的。
如果你遵循别人的路,你哪儿也去不了。
你要走的路是独一无二的,自然也是不可复制的。
你坚持走一条路,而后那条路消失了,一切对你来说都变得清晰无比。

第九章 每日觉醒沉思录

每日觉醒沉思录

365 天,每天沉思一条,你会了悟。

第 1 天　宇宙只是一个经验。

第 2 天　你永远无法理解生命的伟大,只有去经验。

第 3 天　生命是需要经验的奥秘,而不是可以被解开的谜题。

第 4 天　人类已经习惯于远离经验,因此无聊。

第 5 天　全然生活的人不会被想法触动。

第 6 天　真正的生活艺术是完整地经验正在发生的一切。

第 7 天　自由意味着你有多少能力去经验。

第 8 天　觉知即是生活。

第 9 天　一切都在改变,这个改变就是永恒。

第 10 天　天命自身的运行导向自由意志,自由意志也会导向天命。

第 11 天　人类可以学习的最伟大的行动是"看见"内在所发生的。

第 12 天　决定或意图是一切创造的种子。

第 13 天　没有冲突会带来能量的静止，这会唤醒智慧。

第 14 天　灵性与世俗之间的分隔是不真实的。

第 15 天　健康的关系意味着快乐的生活。

第 16 天　专注是一个练习，而静心是一种状态。

第 17 天　如果你能看到我执造成的破坏，你将从我执中解脱。

第 18 天　痛苦本身是因为你没有经验真实。

第 19 天　念头有投射对立面的习惯。

第 20 天　一个成功的人是社会的福音，他自然而然地渴望奉献。

第 21 天　成为"重要人物"的需要和成为"无名小卒"的恐惧是求取生存的奋斗。

第 22 天　每个孩子都应该让他感到自己是独一无二的，永远不要比较。

第 23 天　如果你的心与真相一致，所有的事情都会成功。

第 24 天　你的受苦是对于转化思想的困扰。

第 25 天　成功不是注定的，而是响应生活抛给你挑战的结果。

第 26 天　伴侣关系是达到自我了悟的极好方法。

第 27 天　诚实不是对别人表白，而是对自己真实。

第 28 天　想法变为行动是一次业力的循环。

第 29 天　有恐惧的地方，就有憎恨。

第 30 天　灵性是一切发展的关键。

第 31 天　思考拥有创造的力量。

第 32 天　沉思是人生活中的一个重要组成部分，但是在工作和责任的借口下，你常忘记了沉思。

第 33 天　当你停止命名正在发生的事，你将真正地开始看见。

第 34 天　美德必须自然产生，而不能培养。

第 35 天　一个健康的关系是没有伤害和遗憾的。

第 36 天　除非你学会用一个整体应对你的生活，否则人类的问题无法彻底解决。

第 37 天　无论别人说什么，你专注在内在所发生的，这就是倾听。

第 38 天　人的问题是，他一直在试图改变自己。

第 39 天　想在外在世界出类拔萃，需要从你的内在世界开始改变。

第 40 天　负荷是你过去的不完整经验。

第 41 天　被负荷驱使的人，对生活发展出非常狭隘的观点。

第 42 天　头脑是"成为"的活动。

第 43 天　头脑是一个囚牢，它不允许你去经验生活。

第 44 天　当你认同于头脑时，就会把事情弄糟。

第 45 天　思考创造出一个思考者的幻象。

第 46 天　头脑将事物分为好的或者坏的、神圣的或者世俗的，并试图逃避它不喜欢的。

第47天　你一直在逃避，这是人类唯一的问题。

第48天　当自我被完整地表达了，它自然就会枯萎了。

第49天　只做喜欢做的事是头脑的经营，做任何事都喜欢是觉醒。

第50天　试图精确地指出过错就像剥洋葱，你最终会毫无结果。

第51天　那些拒绝冒险和成长的人正渐渐被生活吞噬。

第52天　头脑本身是问题。

第53天　觉醒者的运作方式是完全无法被预知的，但是他的回应会是完美的。

第54天　你的问题产生于你的头脑，所以头脑不能解决任何问题。

第55天　不要奋力去创造你想要看到的不同，而是去成为那个不同。

第56天　一切都是完美的，只是想法令它不完美。

第57天　被培养了一段时间的情绪会显化出实际的情况。

第58天　在爱中，他人的快乐成为你优先考虑的事情。

第59天　占有欲扼杀爱。

第60天　你就是"我是谁"这个问题。

第61天　存在或当下是无法衡量的，思想无法接近它。

第62天　所有的欲望只是在渴望爱。

第 63 天　人类的需要是让自己感觉到自己是被需要的。

第 64 天　将一件事情认定为问题才是问题。

第 65 天　从觉知中浮现的爱显化为行动、理解、宽恕、仁慈。

第 66 天　你渴求是因为内在的空虚。

第 67 天　倾听别人从倾听自己开始。

第 68 天　他人并不是在你之外，而是生活在你的内心。

第 70 天　觉醒者没有念头，未觉醒者充满念头。

第 71 天　当你明白对方与此事无关，宽恕就会发生。

第 72 天　执着总是以"我"为中心。

第 73 天　看到万物的内在关联性是感恩的诞生。

第 74 天　人类需要难题去求存。

第 75 天　当你似乎不可能抓住你的未来时，不安全感就会升起。

第 76 天　没有头脑的干涉，任何经验都带来喜悦。

第 77 天　当停止学习时，你会在生活中卡住。

第 78 天　没有控制者存在，出现控制者是因为你试图修改实相。

第 79 天　你害怕你自己，如果你失去对自己的恐惧，你会失去对其他一切事物的恐惧。

第 80 天　真正的转化是发现爱，当你在关系中发现爱时，你的生命就会发生不可思议的转化。

第 81 天　一旦比较掌控你的生活，就会有评判。

第 82 天　觉醒意味着个人受苦的终止。

第 83 天　合一就是对实相无分离感的经验。

第 84 天　健康、财富、关系的成功，依赖于你的意识。

第 85 天　不仅要实际行动，更要看到行动背后的意图。

第 86 天　不要求自由的自我，只要求有意识的自我。

第 87 天　真相总是来源于同情，并源自他人的幸福，这就是真相的本质。

第 88 天　一个觉醒的人持续地和自己的内在联结。

第 89 天　为了真正的倾听，头脑必须安静。

第 90 天　如果你的心与真相一致，所有的事情都会成功。

第 91 天　生命是一场庆典。

第 92 天　有觉知的地方，没有负荷。

第 93 天　情绪创造了你的命运。

第 94 天　如果你爱自己并接纳你自己，你就能够爱他人并接纳他人。

第 95 天　物我之分是一种虚幻的感觉。

第 96 天　今天人类最根本的受苦是向自己证明自己。

第 97 天　接纳发生在觉醒之后。

第 98 天　当你试图强大你的自我，那就是依恋。

第 99 天　在关系中，友谊产生于无条件的爱。

第 100 天　当头脑无比清晰，它就变得宁静。

第 101 天　对于觉醒者而言，一切行动都是完美的。

第 102 天　如果你觉醒了，你的家庭问题将会得到解决。

第 103 天　当你成长时，你自然感到要帮助他人；当你帮助他人时，你不可避免地成长。

第 104 天　你所拥有的一切都是财富。

第 105 天　未觉醒者充满观点。

第 106 天　受苦越多，觉醒越快。

第 107 天　你的想法取决于你的身体状况。

第 108 天　觉醒是生活的目的。

第 109 天　心花绽放取决于你的激情。

第 110 天　痛苦或者喜悦的感受是真实的，但是令你痛苦或者喜悦的思想是幻象。

第 111 天　处于高级意识状态的人也具有高层次的感恩。

第 112 天　觉醒者不会自怨自艾。

第 113 天　未觉醒者沉迷在自怜中。

第 114 天　当更多的人觉醒，奇迹也随之增多。

第 115 天　除非觉醒，否则你只能做事而无法行动。

第 116 天　如果你知道事情的优先次序，就不会有冲突。

第 117 天　每一种实修方法影响的是你的无意识。

第 118 天　觉醒者是自己的朋友，未觉醒者是自己的敌人。

第 119 天　你的存在与他人的存在相关联。

第 120 天　当你意识到你的真相，你不会无用地抱怨他人，你甚至会在必要时理解他人。

第 121 天　摆脱头脑的控制就是觉醒。

第 122 天　觉醒者深知无人可度，未觉醒者总是期待度化他人。

第 123 天　缺乏爱是一切问题的根源。

第 124 天　爱是从"我"到"他人"的活动。

第 125 天　你不接纳自己，是因为你还没准备好看到自己。

第 126 天　你越为生存挣扎，你的生存越会面临威胁。

第 127 天　觉醒者活出教导，未觉醒者试图理解教导。

第 128 天　觉醒不是别的，只是如实地经验如是。

第 129 天　宇宙只是一组矛盾。

第 130 天　专注在解决方法而不是问题上。

第 131 天　真理让人谦卑。

第 132 天　你只有接纳自己，爱自己，别人才不再是问题。

第 133 天　觉醒是一个火炬，你必须运用它，来看见自己的内在状态。

第 134 天　"我"玩着自我的把戏，让你感觉与他人分离。

第 135 天　过去影响着现在的体验。

第 136 天　当观念遮蔽头脑时，再美丽的景象看起来都很丑陋。

第 137 天　"成为"是根本的冲突。

第 138 天　一旦内心对话停止，你就觉醒了。

第 139 天　当你对自己完全诚信的时候，你会成为这世界上生活非常舒适与成功的伟大存在。

第 140 天　你不过是自己的过去。

第 141 天　你越成长，你越成为一个孩子，而这就是喜悦。

第 142 天　你是独一无二的，你是特别的！

第 143 天　当能量没有损失时，喜悦自然会降临。

第 144 天　意识头脑的本质就是强制性的、重复性的以及破坏性的。

第 145 天　你的程序给你立场并让你卡在你的观点里。

第 146 天　毫无冲突的关系或完美的关系在现实中是不存在的。

第 147 天　当那里没有成为，就只有全然的满足，这就是合一。

第 148 天　当你爱别人的时候，事实上你只是为了爱你自己。

第 149 天　倾听是一门在全然的专注中发生的艺术。

第 150 天　小我的基本功能就是伤害。

第 151 天　觉醒者活在当下，未觉醒者活在过去或者未来。

第 152 天　合一不是一个概念，它是一个实相。

第 153 天　不安全感和恐惧导致强烈地渴求性欲。

第 154 天　头脑使每个经验陈旧乏味。

第 155 天　女性的解脱是意识的迈进。

第 156 天　伟大的领导者都拥有伟大的观点。

第 157 天　自我在你的每一个念头、言辞、行为中。

第 158 天　觉醒者与如是在一起，未觉醒者与应该怎样在一起。

第 159 天　理顺你的关系是帮助灵性成长最快、最佳的方式。

第 160 天　只有你的自我消失才会变得自然，现在你只能对自己的不自然保有觉知。

第 161 天　对真理的抗拒源自于智慧的失常。

第 162 天　如果有两个极端，中道必得显现。

第 163 天　在人类的关系中，最重要的一点就是要发现你的需求。

第 164 天　头脑可以撒谎但身体不能。

第 165 天　形象建立在关系中，关系将没有生命力。

第 166 天　当你对任何经验都保留有觉知，负荷就会消融。

第 167 天　你的头脑不是你的，它是古老的头脑的延续。

第 168 天　科学和灵性是同一个硬币的两面。

第 169 天　没有什么东西叫作终极真理。

第 170 天　觉醒不是终点，而是一个永无止境的旅程。

第 171 天　当自我消融时，受苦终结。

第 172 天　无意识的头脑基本上就是你不愿意看见的。

第 173 天　自我意识致使心智衰退。

第 174 天　生命就是能量。

第 175 天　觉醒者经验到没有选择自由；未觉醒者经验到选择自由。

第 176 天　没有什么要被理解，也没有什么可以被理解。

第 177 天　任何程序，无论有多高尚，都是监狱。

第 178 天　智力以知识的积累为基础，智慧以片刻不断的学习为基础。

第 179 天　当你倾听心的指引，一切都将没有问题。

第 180 天　当一个民族怀有着灵性力量，即是伟大兴盛的。

第 181 天　受苦并不来源于事情本身，受苦源于你对事情的看法和观点。

第 182 天　真理唤醒你的智慧。

第 183 天　觉醒者活在如生命所是的奥秘里。

第 184 天　未觉醒者试图理解生命是什么。

第 185 天　是你同意自己成为怎么样的人。

第 186 天　小我主义者屈身求爱，委曲求全。

第 187 天　生命是一个学习的过程。

第 188 天　觉醒者不受头脑所困，未觉醒者是头脑的囚徒。

第 189 天　能量的静止就是静心。

第 190 天　程序限制你的可能性。

第 191 天　自我就是一种持续的、存在的感觉。

第 192 天　头脑视一切为不完美，对一切都不满意。

第 193 天　爱要被表达，而不仅仅是被经验。

第 194 天　在试图成为别人的过程中,你现有的智慧亦将出错。

第 195 天　所有的受苦只是个故事。

第 196 天　万物都是无常生灭的。

第 197 天　小我让你有位置感。

第 198 天　觉醒者视觉知本身为终点;未觉醒者视觉知为达到目的的手段。

第 199 天　当你如其所是地经验生命时,真实的回应才会升起。

第 200 天　没有思考者,只有思考。

第 201 天　认为你正控制着一切是个幻象。

第 202 天　只有当"你"消失,觉知才有可能,这是一个发生。

第 203 天　自我是个幻象。

第 204 天　当头脑免于过去的束缚就是智慧,而成长的最佳方式就是意识的成长。

第 205 天　真理不是一时的声明,它是一生的追寻。

第 206 天　没有伴随行动的愿景是个白日梦;没有伴随愿景的行动是个噩梦。

第 207 天　觉醒者没有将什么视作是针对其个人的;未觉醒者将一切视作是针对其个人的。

第 208 天　存在于你的头脑中的程序创造出了你的外在境遇。

第 209 天　静心就是去接触如其所是。

第 210 天　小我是个生存主义者。

第 211 天　如果你不面对自己，就不会成长。

第 212 天　觉醒者有一个寂静的头脑。

第 213 天　未觉醒者有一个无休止的头脑。

第 214 天　人类的悲惨故事是，作为一个糟糕的人他感到负有责任，然而他并不用为此负责。

第 215 天　如果你发现自己正在失去觉知，你将自动地回到觉知上来。

第 216 天　你不是分离的个体存在，你是整体的一部分。

第 217 天　念头是重复性的。

第 218 天　反应来自头脑的回应，行动来自心的回应。

第 219 天　觉醒者体验到无条件的爱与无条件的喜悦。

第 220 天　未觉醒者体验到有条件的爱与有条件的喜悦。

第 221 天　"接纳"从来没有成为你的本质，因此你通过五花八门的方式合理化自己的行动，创造出新的解释。

第 222 天　觉醒者无所抗拒，未觉醒者有所抗拒。

第 223 天　觉醒的人不害怕真实，未觉醒的人害怕真实。

第 224 天　觉醒不是到达某个地方，觉醒是在你所在的地方。

第 225 天　完美就是顺应你的天命所显现的。

第 226 天　如果你带着一个美好的意图并从心里希望它梦

想成真，整个宇宙都会协助你。

第 227 天　哪里有诚实，哪里就有自然绽放的美德。

第 228 天　你不是一个分离的个人，而是人类网络中的一条线。

第 229 天　要么有爱要么没有爱，没有不多的爱或较多的爱的概念。

第 230 天　意识到一个人的空虚、痛苦、厌倦，就是追求觉醒。

第 231 天　以法则的形式来看待每件事物是最高的智慧。

第 232 天　源自于思想的关系是所有类型的问题的主要原因，让你的心成为关系的原因。

第 233 天　抗拒就是痛苦，除非你放弃抗拒，生命会持续将你推向二元性，二元性是所有痛苦的主要原因。

第 234 天　生理痛苦＋心理痛苦＋精神痛苦＝常数。

第 235 天　挑战在生命中带来更多的机会。

第 236 天　如果全世界都在关系中发现爱，那自然灾害就会自动减少。

第 237 天　人类最大的蠢事是试图了解自己与周围的世界。

第 238 天　人类所谓的痛苦都只是从痛苦中逃离。

第 239 天　科学在人类生活中给予了许多事物，但是没有给予任何可以让人类为它而活的事物。

第 240 天　知识永远无法创造灵性，它只能稳固灵性。

第 241 天　所有的灵性成长都始于觉知。

第 242 天　灵性追求者是由于自己的灵性不满足而追求的人，不是由于理想。

第 243 天　生命包含了死亡的种子，死亡也包含了生命的种子。

第 244 天　每个障碍都是一个机会。

第 245 天　感觉无价值是头脑存在已久的问题。

第 246 天　人类的问题在于，他将每件事物都视为问题。

第 247 天　人类头脑的核心是恐惧，所有其他的情绪都是它的副产品。

第 248 天　成为灵性的就是成为快乐的，灵性是快乐的科学。

第 249 天　绝望是无助的对立。

第 250 天　真正勇敢的人，是个真正非暴力的人。

第 251 天　意识有活生生的特质，它不能在头脑中被经验。

第 252 天　当没有冲突时，所有的活动都是灵性的。

第 253 天　自由不是转化内容，自由在于如实地经验内容。

第 254 天　真正的宁静不是物理噪音的消除，而是冲突的消失。

第 255 天　改善关系是觉醒最迅速的方式之一。

第 256 天　了解你的无知即是真正的智慧。

第 257 天　对于未觉醒的人而言，一切都是概念，甚至是物理宇宙。

第 258 天　没有两个人以相同的方式看世界。

第 259 天　当头脑在没有选择的状态时，正确的选择就会来临。

第 260 天　头脑的本质就是持续在不同的立场间摆荡。

第 261 天　致力于某事，就是没有任何意志努力地致力于它。

第 262 天　缺乏了幽默感，灵性的追求会是漫长与痛苦的事情。

第 263 天　所有的心理痛苦都是伤痛，所有的伤痛都是相同的。

第 264 天　不应该声称伟大，而应该实现它。

第 265 天　个人就是一个不可分割的人。

第 266 天　所有的逻辑都是出自假设。

第 267 天　如果在开始时没有自由，在结束时就不会有自由。

第 268 天　简易是智慧的方式。

第 269 天　你成为你所经验的。

第 270 天　整个合一就是观照自己，与任何在那里的同在。

第 271 天　你评判，是因为你没有感觉到与他人的联结。

第 272 天　觉醒的人所知道的真实是超越了解的，而且是如其所是的完美。

第273天　转换立场的能力是头脑内的自由，当一个人没有立场地运作时，就是从头脑解脱。

第274天　内容不重要，注意力与觉知才是重点。

第275天　意识是所有存在物的基础。

第276天　没有事物可以独自存在，任何事物都只能在与其他事物的关系中存在。

第277天　要成为觉知的，你必须对自己真诚。

第278天　无论他人是谁，当心有慈悲或真爱时，他人就会回应。

第279天　当你接纳所是时，这就是静心。

第280天　你怎么经验世界，取决于你。

第281天　没有创造现在的过去，只有创造过去的现在。

第282天　不是头脑在追求，追求就是头脑。

第283天　自然法则是永恒的，这些法则无所不在，也不在任何地方。

第284天　接纳不是抗争，不是沉溺，就只是看着它。

第285天　合一不是目的地，而是永无止境地展开。

第286天　喜悦是在"做"中，而不是在"追求"中。

第287天　生命就是如它所来临的。

第288天　你每一刻都在改变，因为整个宇宙就是个过程。

第289天　你的喜悦会永久存在，如果你知道自己是不存在的。

第290天　在面临痛苦时，心通常会觉醒。

第291天　当你从觉知运作时，就没有业力。

第292天　你不过是空的，是零，这个想变成某个东西的零就是头脑的战争。

第293天　帮助自己是快乐，帮助他人是喜悦。

第294天　当评判产生时，经验者就会诞生，你不停止评判，因为你担心自己会消失。

第295天　只有一个源头，没有第二个。

第296天　看见只在当下，它不在过去也不在未来。

第297天　当你利用人们时，依赖就会来临。

第298天　今日的社会在混乱中，因为每个人都试图成为某个样子，而不是他所是的样子。

第299天　试图成为自然的是不自然的。

第300天　头脑的所有努力都是为了保护一些并不存在的事物。

第301天　出于习惯的爱、源于政策的和平和雕琢出来的宽恕，都不是真实的。

第302天　当你真正宽恕一个人时，改变不但在你的内在发生，而且也在他的内在发生。

第303天　成功不应从以前失败的观念而来。

第304天　成就须从觉醒而来，是一种感恩的结果。

第305天　觉醒者允许事情以自己的方式发生；未觉醒者

试图让事情按照自己的方式发生。

第306天　父母衷心的祝福会给一个人带来成功和兴旺。

第307天　你在面对挑战时需要有建设性的情感。

第308天　最合格的父母是在自身找到爱的人。

第309天　正是你身边的人给了你存在的意义。

第310天　忘恩于父母将导致出现所有的问题。

第311天　给别人做他自己的空间。

第312天　当评判减少时，爱会增加。

第313天　爱是给予，不是索取。

第314天　关系中的基本问题是不断地试图理解和改变对方。

第315天　关系不仅仅是相处，而是没有恐惧和内疚地和他人联结。

第316天　你必须在家人和朋友的心中赢得一席之地，才能体验到快乐和满足。

第317天　你的孩子如镜子般反映了你与父母的关系。

第318天　没有问题是不能被解决的，每一个问题都有解决之道。

第319天　恐惧破坏所有的关系。

第320天　关系中最根本的问题，在于你无法宽恕他人。

第321天　一个真正的冠军不会只身到达目标，他会带领整个团体进入成功的天地。

第 322 天　你最大的快乐、痛苦和最好的经验,都来自你的关系。

第 323 天　一个灵性的人不责怪他人,他会在自己身上看到原因。

第 324 天　在你身处恐惧中时不要做决定。

第 325 天　如果你一直活在评判里,不仅很难感受到爱,也难以付出爱。

第 326 天　你是别人如何回应的燃料。

第 327 天　每个人都独一无二,不要试图把所有的个性打磨成一个样子。

第 328 天　成功之人不牵挂过去,安住在当下,为未来工作。

第 329 天　若你定心下意,无人能阻挡你的进步和学习。

第 330 天　梦并非你睡着时所见,而是让你不能入睡的。

第 331 天　如果你怀抱持久的热情,宇宙也会与你共谋,给予你所寻求的。

第 332 天　人若要实现一个伟大的目标,必定要牺牲很多细碎小事。

第 333 天　成长只会出现在奉献中,你需要付出才能得到。

第 334 天　机遇有时也会装扮成绊脚石到来。

第 335 天　你的思想决定你的行为,你的行为决定他人的回应。

第 336 天　你是自己命运的建筑师。

第 337 天　尊重他人的需要即是爱。

第 338 天　依据你对现实的经验,你做出回应和行动。

第 339 天　依据你的回应和行动,你的命运油然而生。

第 340 天　放掉抗拒即是接纳。

第 341 天　头脑无法经验生命,它只知道享乐,不知道喜悦。

第 342 天　只有心才能爱,出自于心的爱没有理由。

第 343 天　经验者和经验不会分离,经验包含经验者。

第 344 天　你的生活不是一个巧合,而是映照出你自己所作所为的镜子。

第 345 天　金钱是能量的一种形式,被与它能量相似的能量所吸引。

第 346 天　完美就是与如实如是共处。

第 347 天　忘记恩典,忘记觉醒。

第 348 天　无觉知的行为是反应,它只会产生冲突、困扰和进一步的无觉知。

第 349 天　任何事情只要再次完全经历,就会释放掉它的负荷。

第 350 天　如果你要发现爱,就必须停止评判,尤其是对你的父母和伴侣的评判。

第 351 天　当所有的找寻终止下来,就会产生无条件的爱。

第 352 天　看只发生在当下,它既不在过去,也不在未来。

第 353 天　一切的爱都只能从爱自己开始。

第 354 天　专注和觉察的内容并不重要，重要的是专注和觉察本身。

第 355 天　专注意味着不带任何意图的努力。

第 356 天　生活是场游戏，受伤不可避免，爬起来再玩就是。

第 357 天　在你的行动与你的意识之间没有间隙时，那就是觉知。

第 358 天　你可以满足自己的欲望，这是最轻松的成长方式。

第 359 天　如果一个人不能在此时此地快乐，他在任何地方都不会快乐。

第 360 天　脱离对头脑、身体和思想的认同，你迎来的每一刻都将是喜悦的。

第 361 天　万物相连，无论你做什么，都影响其他的一切。

第 362 天　不要让处境决定你的状态，而让你的状态决定你的处境。

第 363 天　超越恐惧是自由，超越占有是爱。

第 364 天　超凡并不是反对平凡，而是在每一个平凡的事物中拥有超凡的体验。

第 365 天　阅读你自己，而不是书。

后 记

是在梦中,还是刚从梦中醒来?

我手里捧着这本《知道的喜悦》,已经到了最后一页。

一道光投射过来,我似乎身处在一个"有名"的小岛上。

向外看,周围是一片"无名"的海洋;向内看,内在是"恐惧"的深渊。

风在吹,我听到自己的心声:"我只是想知道……"伴随这个声音,我的眼前飘过一个画面,佛陀在菩提树下端坐,说着和我同样的话:"我只是想知道……"

一束光向我照来,我眯起双眼,朦胧中,光线四散开去,五彩缤纷……这时,我的心里也被投入了一束夺目的光明。

红色、蓝色、绿色……这些美丽的光,闪烁着,无边无际地似乎要吞没了我……忽然间,这些光又聚合到了一起,所有的颜色都消失了。

只有寂静……这之后,我明白了,红色、蓝色、绿色这些都是那个"部分"的光,那个"全部"的光是"无"色的。

"全部"无法被看见,能看见的只是"部分","道"犹如"光"。

"光"是个谜,"道"是个谜,谜怎么说,它根本就不能说。

"部分"永远无法知道"全部"的奥秘,从根本上讲,我无法知"道"。

我无法知"道",这个想法让我立刻有了解脱的感觉。

我放下了知"道"一点儿的小快乐,也放下了不知"道"的大恐惧。

宇宙不再是那个头脑里的宇宙。

宇宙是属于心有感觉的流动的生命。

走出头脑,梦醒了。

进入心的世界,喜悦回来了。

感恩宇宙所有的发生,让我看见自己。

感恩宇宙所有的一切,让我爱自己和爱你们。